FORSCHUNGSBERICHTE DES LANDES NORDRHEIN-WESTFALEN

Herausgegeben
im Auftrage des Ministerpräsidenten Dr. Franz Meyers
von Staatssekretär Professor Dr. h. c. Dr. E. h. Leo Brandt

DK 513.133.33:513.611.7

Nr. 1066

Prof. Dr.-Ing. Walther Meyer zur Capellen

Dipl.-Ing. Karl-Albert Rischen

Lehrstuhl für Getriebelehre der Rhein.-Westf. Technischen Hochschule Aachen

Symmetrische Koppelkurven und ihre Anwendungen

Als Manuskript gedruckt

WESTDEUTSCHER VERLAG / KÖLN UND OPLADEN

1962

ISBN 978-3-663-03264-9　　　ISBN 978-3-663-04453-6 (eBook)
DOI 10.1007/978-3-663-04453-6

Vorwort

Zur Entwicklung von Koppelrastgetrieben benötigt man geeignete Koppelkurven. Einfach zu übersehen und zur Ableitung guter Rasten besonders geeignet sind die symmetrischen Koppelkurven der Kurbelschwinge und der Doppelkurbel. Es erschien daher notwendig, aus den Daten solcher symmetrischer Koppelkurven auch kurz diejenigen bei nicht drehfähigen Gelenkgetrieben zusammenzustellen.

Die Ergebnisse sind im folgenden Text und in zahlreichen Kurventafeln zusammengestellt. Beim Aufzeichnen der Koppelkurven war ein am Lehrstuhl für Getriebelehre entwickelter Koppelkurvenzeichner besonders angenehm. Über diesen soll später gesondert berichtet werden.

Dem Herrn Kultusminister sei für die Unterstützung bei der Durchführung der vorliegenden Untersuchungen besonders gedankt.

Aachen, im Juli 1961

Die Verfasser

Gliederung

1. Die gleichschenklige Kurbelschwinge . . . . S. 7
   1.1 Die Ortskurve k_s . . . . S. 7
   1.2 Die Hubgröße . . . . S. 8
   1.3 Sonderfälle . . . . S. 11
   1.4 Krümmungsverhältnisse . . . . S. 13
      1.41 Stellung I . . . . S. 13
      1.42 Stellung II . . . . S. 14
      1.43 Die Wendekreisdurchmesser . . . . S. 14
      1.44 Die Krümmungsradien . . . . S. 15
   1.5 Beispiele . . . . S. 16
      1.51 Gegebener Hub . . . . S. 16
      1.52 Sonderfall der sechspunktigen Geradführung . . . . S. 17
      1.53 Getriebe mit einer Rast . . . . S. 17
      1.54 Getriebe mit zwei Rasten . . . . S. 17

2. Die symmetrische Doppelschwinge . . . . S. 19
   2.1 Maßbeziehungen . . . . S. 19
   2.2 Der Hub . . . . S. 19
   2.3 Rastgetriebe mit zwei Rasten . . . . S. 20
      2.31 Die Wendekreise . . . . S. 20
      2.32 Die Krümmungshyperbel . . . . S. 22
      2.33 Der geeignete Koppelpunkt . . . . S. 23

3. Die Doppelkurbel . . . . S. 24
   3.1 Die gleichschenklige Doppelkurbel . . . . S. 25
      3.11 Die Ortskurve k_s . . . . S. 25
      3.12 Der Hub . . . . S. 25
      3.13 Die Krümmungsverhältnisse . . . . S. 27
         3.131 Die Wendekreise . . . . S. 27
         3.132 Die Krümmungsradien . . . . S. 28
      3.14 Beispiele . . . . S. 28
   3.2 Die symmetrische Doppelkurbel . . . . S. 29
      3.21 Der Hub . . . . S. 29
      3.22 Rastgetriebe mit zwei Rasten . . . . S. 30

4. Sondergetriebe . . . . S. 32
    4.1 Zentrische Getriebe . . . . S. 33
        4.11 Die gleichschenklige zentrische Kurbelschwinge . S. 33
        4.12 Die drehfähige symmetrische zentrische
             Doppelschwinge . . . . S. 34
        4.13 Die gleichschenklige zentrische Doppelkurbel . . S. 34
        4.14 Die symmetrische zentrische Doppelkurbel . . . . S. 35
    4.2 Die gleichschenklige symmetrische Doppelkurbel . . . . S. 35
    4.3 Die nicht drehfähige Doppelschwinge . . . . S. 36
    4.4 Zwillingskurbelgetriebe . . . . S. 37

5. Flächeninhalt . . . . S. 38
    5.1 Kurbelschwinge . . . . S. 38
    5.2 Gleichschenklige Doppelkurbel . . . . S. 39
    5.3 Symmetrische Getriebe . . . . S. 40

Literaturverzeichnis . . . . S. 41

Anhang: Abbildungen . . . . S. 45

Will man von einer Koppelkurve eine Rast ableiten, so sollte zweckmäßigerweise der Krümmungskreis, der zur Ableitung der Rast dient, die Koppelkurve in einem Punkt mindestens vierpunktig berühren. Der geometrische Ort solcher Punkte ist bekanntlich die Kreisungspunktkurve, und die Maßbeziehungen werden besonders einfach, wenn diese Kurve in Kreis und Gerade entartet, vor allem aber, wenn durch Wahl bestimmter einfacher Maße _symmetrische_ Koppelkurven erhalten werden. Diese geben zudem die Möglichkeit, von einem Koppelpunkt zwei Rasten abzuleiten.

In den folgenden Absätzen sollen nun in Diagrammen die wichtigsten Parameter solcher Kurbeltriebe entwickelt und einige Anwendungsbeispiele gegeben werden.

1. Die gleichschenklige Kurbelschwinge

1.1 Die Ortskurve k_s

Bei der symmetrischen Doppelschwinge, bei welcher also die Schwingenlängen einander gleich sind, zerfällt bekanntlich [1, 2, 3] die Kreisungspunktkurve k_u in der Stellung, in welcher Koppel und Steg parallel sind, vgl. Abbildung 1[*], in die Mittelsenkrechte k'_u zur Koppel AB, zugleich die Polbahnnormale, und in den Kreis k''_u durch den Momentanpol P und die Punkte A und B. Aus Symmetriegründen beschreiben aber die Punkte auf k'_u _symmetrische_ Koppelkurven.

Formt man nun ein solches drehfähiges Getriebe mit dem Koppelpunkt K auf k'_u mit Hilfe des Satzes von ROBERTS um[1], vgl. z.B. [4], so erhält man, wie in Abbildung 2 dargestellt, zwei kongruente Ersatzgetriebe, und zwar zwei _gleichschenklige_ Kurbelschwingen, also solche, bei denen die Koppellänge c gleich der Schwingenlänge b ist, vgl. auch [1, 2, 3]. Würde man von der Vierecklage der Doppelschwinge ausgegangen sein, so hätte man die Kurbelschwinge in der inneren Steglage erhalten.

Hierbei hat der Koppelpunkt vom Punkt B die Entfernung $\varrho_B = c = b$. Zieht man nun in Abbildung 3 um B_I, dem Schwingenendpunkt in der äußeren Steglage, mit c = b den Kreis k_{sI} und wählt einen beliebigen Punkt K auf diesem Kreis, so liefert die Umformung nach ROBERTS (außer dem kongruenten Getriebe) wieder eine symmetrische Doppelschwinge in der Symmetriestellung mit symmetrischer Koppelkurve.

---
[*] Sämtliche Abbildungen befinden sich im Anhang.
1. In Absatz 2.1 wird nochmals darauf eingegangen.

Der geometrische Ort der Koppelpunkte, welche bei der gleichschenkligen Kurbelschwinge symmetrische Koppelkurven beschreiben, ist also der in der Koppelebene gelegene Kreis k_s um den Punkt B mit c = b als Halbmesser. Die Indices I und II, vgl. auch Abbildung 3, weisen auf die äußere bzw. innere Steglage hin.

In diesen beiden Stellungen entartet auch beiläufig [2, 3] die Kreisungspunktkurve in den Kreis k_{sI} und die Polbahntangente t_I bzw. in den Kreis k_{sII} und die Polbahntangente t_{II}. Hierbei fällt in den Stellungen I und II der Punkt B_o mit dem Momentanpol P zusammen, und es stellen die Schwingenmittellinien, d.h. die Verlängerungen der Strecken B_oB_I bzw. B_oB_{II} die Polbahntangenten t_I bzw. t_{II} dar.

Die Bahnnormalen für die Koppelpunkte müssen jeweils durch den Momentanpol P gehen, d.h. die Bahnnormalen für den Punkt $K = K_I$ in der Stellung I und $K = K_{II}$ in der Stellung II gehen durch B_o, d.h. fallen zusammen, und diese gemeinsame Normale stellt die <u>Symmetrieachse</u> der vom Punkt K beschriebenen Koppelkurve dar[2]).

1.2 Die Hubgröße

Unter dem Hub h der Koppelkurve soll hier ihre "Breite" auf der Symmetrieachse verstanden sein, d.h. die Strecke K_IK_{II} = h in Abbildung 3. Diese Strecke h kann somit leicht zeichnerisch als jeweils gemeinsame Sehne zwischen den Kreisen k_{sI} und k_{sII} auf der jeweiligen Symmetrieachse $B_oK_I = B_oK_{II}$ abgegriffen, aber auch rechnerisch angegeben werden.

Die Lage des betrachteten Koppelpunktes auf dem Kreis k_s sei durch den Winkel $\varkappa = \angle$ BAK gekennzeichnet, als Winkel $K_IA_IB_I$ in Abbildung 4 eingetragen.

Die Schwingenwinkel für die Steglagen seien am Punkt B_o mit β_I und β_{II} bezeichnet. Für diese folgt leicht mit c = b

$$\cos\beta_I = \frac{d+a}{2c} = \nu(1+\lambda), \quad \cos\beta_{II} = \frac{d-a}{2c} = \nu(1-\lambda), \qquad (1)$$

wobei die Parameter λ und ν wie an anderer Stelle [7, 8, 9] durch

$$\lambda = a/d \quad \text{und} \quad \nu = d/2c \qquad (2)$$

definiert sind.

---

2. Die Existenz der Ortskurve k_s ist nicht unbekannt (vgl. [5] und [6]). Doch mußte hier nochmals darauf eingegangen werden, um die folgenden Diagramme zu entwickeln.

Ferner sei der Winkel $A_oB_oK_I = A_oB_oK_{II}$ mit ϑ und seien die Schnittpunkte der Koppelmittelinien in den Steglagen mit den Kreisen k_{sI} bzw. k_{sII} mit V_I bzw. V_{II} bezeichnet.

Dann ist, wie leicht aus den Polargleichungen der Kreise k_{sI} bzw. k_{sII} folgt,

$$B_oK_I = R_I = 2c \cos(\beta_I - \vartheta) \tag{3a}$$

und ebenso

$$B_oK_I = R_{II} = 2c \cos(\beta_{II} - \vartheta). \tag{3b}$$

Ferner gilt nach dem Satz über die Peripheriewinkel für den Bogen K_IA_I, daß $\sphericalangle K_IB_oA_I = \sphericalangle K_IV_IA_I$, also

$$\vartheta = \pi/2 - \varkappa$$

ist. Damit erhält man für R_I und R_{II} die Formen

$$R_I = 2c \sin(\beta_I + \varkappa), \quad R_{II} = 2c \sin(\beta_{II} + \varkappa), \tag{4}$$

also für den Hub den Wert

$$h = R_I - R_{II} = 2c \left[\sin(\beta_I + \varkappa) - \sin(\beta_{II} + \varkappa)\right], \tag{5a}$$

oder nach $\sin \varkappa$ und $\cos \varkappa$ geordnet,

$$h = 2a \sin\varkappa + 2c \cos\varkappa (\sin\beta_{II} - \sin\beta_I), \tag{5b}$$

wobei $2c \cos\varkappa$ die Strecke $AK = A_IK_I = A_{II}K_{II}$ darstellt. Benutzt man ferner in Gl. (5a) die goniometrische Umformung

$$\sin\alpha - \sin\beta = 2 \sin \frac{\alpha-\beta}{2} \cos \frac{\alpha+\beta}{2},$$

so erhält man auch

$$h = -h_{max} \cos(\varkappa + \varepsilon), \tag{6}$$

wobei der Phasenwinkel ε durch

$$\varepsilon = (\beta_{II} + \beta_I)/2 = \sphericalangle A_oB_oO \tag{7a}$$

gegeben ist, B_oO die gemeinsame Sehne der beiden Kreise darstellt und der maximale Hub h_{max} aus

$$h_{max} = 4c \sin\delta \qquad (7b)$$

folgt. Hierin ist

$$\delta = (\beta_{II} - \beta_I)/2, \qquad (7c)$$

also 2δ der Winkel zwischen den beiden Polbahntangenten t_I und t_{II}, somit auch h_{max} gleich dem Abstand der Schnittpunkte T'_I von k_{sI} mit t_I und T''_{II} von k_{sII} mit t_{II}. Ferner ist $m = PO$ die Winkelhalbierende des Winkels 2δ zwischen t_I und t_{II}.

Die Abhängigkeit der Größen h_{max} und ε von den Parametern λ, ν zeigen die Diagramme 5a, b und 6. Hierbei ließen sich die aus Gl. (7a), (7b) unter Beachtung von Gl. (1) und den goniometrischen Formeln

$$\cos\frac{\alpha}{2} = \sqrt{(1+\cos\alpha)/2}, \qquad \sin\frac{\alpha}{2} = \sqrt{(1-\cos\alpha)/2}$$

folgenden Beziehungen

$$h_{max}/d = (P - Q)/\nu, \qquad \sin\varepsilon = (P + Q)/2 \qquad (8a, b)$$

benutzen, wobei zur Abkürzung

$$P = \sqrt{(1+\nu\lambda)^2 - \nu^2}, \qquad Q = \sqrt{(1-\nu\lambda)^2 - \nu^2} \qquad (8c, d)$$

gesetzt wurde.

Bei Aufstellung der Diagramme sind noch einige Grenzfälle zu beachten, vgl. auch [7, 8, 9]:

a) Formaler Grenzfall $\lambda = 0$: Es wird $h_{max}/d = 0$ und $\cos\varepsilon = \nu$;

b) formaler Grenzfall $\nu(1+\lambda) = 1$, d.h. $a+d = 2c$ oder $\beta_I = 0$ (Verzweigungslage): Es wird $h_{max}/d = 2\sqrt{\lambda(1+\lambda)}$ und $tg\varepsilon = \sqrt{\lambda}$;

c) formaler Grenzfall $\lambda = 1$, d.h. $a=d$ (Verzweigungslage): man erhält $h_{max}/d = (\sqrt{1+2\nu} - \sqrt{1-2\nu})/\nu$ und $\sin\varepsilon = (\sqrt{1+2\nu} - \sqrt{1-2\nu})/2$ oder $\sin 2\varepsilon = 2\nu$, also z.B. für $\nu = 1/2$ die Werte $h_{max}/d = 2\sqrt{2}$ und $\varepsilon = \pi/4$;

d) Grenzfall $\nu = 0$: Wenn $c \to \infty$ geht, also ν nach Null, so wird bekanntlich die zentrische Kurbelschleife erhalten, und die Formeln liefern formal $h_{max}/d = 2\lambda$ oder $h_{max} = 2a$ und $\varepsilon = \pi/2$. Läßt man in

Abbildung 3 oder 4, bei festgehaltenen Werten von a und d, c immer
größer werden, so nähern sich die Winkel β_I und β_{II} sowie $\varkappa$ einem
rechten, und der Kreis k_s entartet in die Gleitgerade g, welche in
den Steglagen mit der Stegmittellinie zusammenfällt. Da aber doch
2c cos$\varkappa$ immer die Strecke $\overline{AK}$ darstellt, gilt dies auch für den
Grenzfall. Also bleibt nach Gl. (5b) nur übrig h = 2a, wie bekannt.
Es sollte jedoch, auch in Hinblick auf die Doppelkurbel gezeigt werden, wie der Grenzübergang durchzuführen ist.

Um das schmale Feld in Abbildung 5a zu verbreitern, wurde in Abbildung 5b nicht h_{max}/d selbst, sondern die bezogene Abweichung von 2a dargestellt, d.h. $(h_{max} - 2a)/d = \frac{h_{max}}{d} - 2\lambda$.[3)]

1.3 Sonderfälle

Trägt man bei einem bestimmten Getriebe den Hub h in Funktion des Winkels $\varkappa$ auf, so erhält man einen sinusförmigen Verlauf mit h_{max} als dem Größtwert (vgl. auch Abs. 5a). In dem für den Winkel $\varkappa$ der Koppelebene in Frage kommenden Bereich $-\pi/2 \leq \varkappa \leq +\pi/2$ ergeben sich nun einige besondere Werte für den Hub h und einige besondere Koppelkurven[4)]:

a) Maximaler Hub: Es wird $h = h_{max}$ für $\varkappa + \varepsilon = 0$, d.h. für $\varkappa = -\varepsilon$ oder
$\vartheta = \pi/2 + \varepsilon$, mit anderen Worten auf dem Polstrahl erhalten, der
senkrecht zur Sehne B_oO bzw. zur Geraden m steht. Die entsprechenden
Punkte sind, vgl. Abbildung 4, mit M_I und M_{II} bezeichnet, so daß
$\overline{M_I M_{II}} = h_{max}$ ist. Es ist also $M_I T_I' T_{II}'' M_{II}$ ein Rechteck. Die zugehörige Koppelkurve zeigt Abbildung 7. Die Kurve hat einen Doppelpunkt,
und zwar, wenn M nach B_o fällt: Zieht man um B_o mit der Strecke
$\overline{AM} = \overline{A_I M_I} = \overline{A_{II} M_{II}}$ einen Kreis, so trifft dieser den Kurbelkreis in
den Punkten A^* und A^{**} (nicht gezeichnet), welche symmetrisch zum
Steg liegen. Hieraus lassen sich die zugehörigen Stellungen B^* und
B^{**} des Schwingenendpunktes ermitteln, und dann ist B^*B_o die Normale
in der einen, und $B^{**}B_o$ die Normale in der anderen Stellung.

Wählt man einen anderen Koppelpunkt K als M, so liefert der Kreis um
B_o mit der Strecke u = AK den Kurbelkreis wieder in zwei Punkten, so
daß auch die Koppelkurve dieses Punktes ihren Doppelpunkt in B_o hat.

---

3. Die Parameter ν und λ wurden gewählt, um die Zusammenhänge bei der Kurbelschwinge übersichtlich und in Diagrammen, die sich nicht bis ins Unendliche erstrecken, darzustellen. Für Doppelschwinge und Doppelkurbel werden sinngemäß entsprechende Parameter gewählt.
4. Im folgenden wird nur der Absolutbetrag des Hubes h angegeben.

Die Grenzen dieser Strecken sind aber durch u = d-a und u = d+a gegeben. Im ersten Fall erhält man den Punkt S (als S_I auf k_{sI}), im zweiten Fall den Punkt Q (als $Q_I \equiv B_o$ auf k_{sI}), d.h. in beiden Fällen werden als Grenzfälle der Doppelpunkte Spitzen erhalten. Also beschreiben die Koppelpunkte auf dem Bogen QMS = $Q_I M_I S$ = $Q_{II} M_{II} S_{II}$ Doppelpunkte, welche nach B_o fallen.

b) Hub Null: Im Punkt O treffen sich beide Kreise, also muß für diesen Punkt der Hub gleich Null sein. Die vom Punkt O der Koppelebene beschriebene Koppelkurve hat in O einen Selbstberührungspunkt. Die Lage von O auf der Ortskurve k_s ist durch $\beta = \epsilon$, d.h. durch $\varkappa = \pi/2 - \epsilon$ festgelegt, Abbildung 7[5].

Da nach dem oben benutzten Satz von ROBERTS über die dreifache Erzeugung der Koppelkurve das jeweilige dritte Fokalzentrum C_o spiegelbildlich zum Fokalzentrum A_o hinsichtlich des Polstrahls $B_o K_I = B_o K_{II}$ und auf dem Kreis durch die drei Fokalzentren A_o, B_o, C_o jeweils der Doppelpunkt liegen muß (sofern vorhanden), so wird für den Punkt O, der ja einen Doppelpunkt beschreibt, die Sehne $B_o O$ zum Durchmesser dieses Kreises.

c) Der Kurbelkreis: Für $\varkappa = \pi/2$ bzw. $-\pi/2$ wird A als Koppelpunkt erhälten, und die Formeln liefern auch rechnerisch h = 2a. Hinsichtlich weiterer Betrachtungen vgl. Absatz 1.5.

d) Symmetriepunkt zu A: Der zu A symmetrisch gelegene Koppelpunkt, d.h. in Abbildung 4 der Punkt V_I bzw. V_{II} liefert eine Koppelkurve mit der Senkrechten in B_o zum Steg als Symmetrieachse, vgl. Abbildung 7. Der Hub h entspricht der doppelten Differenz der Projektionen der Punkte B_I und B_{II} auf diese Senkrechte im Punkt B_o oder dem doppelten Abstand der Punkte T_I'' und T_{II}' bzw. T_I'' und T_{II}'' in Abbildung 4.

e) Koppelkurve mit Spitze: Der Koppelpunkt Q_I, der in der Stellung I mit dem Momentanpol $P_I = B_o$ und der Koppelpunkt S_{II}, welcher in der Stellung II mit dem Momentanpol $P_{II} = B_o$ zusammenfällt, beschreiben Koppelkurven mit Spitzen, und zwar Punkt Q in der Stellung I und Punkt S in der Stellung II. Die Lagen jeweils in der Stellung II bzw. Stellung I findet man für Q_{II} in Stellung I auf der Polbahnnormalen n_I und für S_I in Stellung II auf der Polbahnnormalen n_{II} (oder den

---

5. In Zusammenhang mit Untersuchungen an der Doppelschwinge wies RAUH bereits auf diese Koppelkurve hin [10, 11].

Tangenten an die Kreise k_{sI} bzw. k_{sII}). Da der Winkel $\varkappa$ einmal $-\beta_I$, das andere Mal $-\beta_{II}$ beträgt, folgt als Hub nach einfachen Umformungen in beiden Fällen (abgesehen vom Vorzeichen)

$h = 2c \sin(\beta_{II} - \beta_I)$, d.h. vgl. Abbildung 4, gleich $\overline{T_I' T_{II}''} = \overline{T_{II}'' T_{II}'}$ oder gleich dem doppelten Abstand des Punktes B_I von $B_0 B_{II}$ bzw. B_{II} von $B_0 B_I$; vgl. auch Abbildung 7.

f) **Koppelkurven mit Flachpunkt:** Hierzu vgl. Absatz 1.4 und die in Abbildung 7 von den Koppelpunkten U' und U" beschriebenen Koppelkurven.

1.4 Krümmungsverhältnisse

Für die Form der Koppelkurven sowie für Rastgetriebe, welche von einem Koppelpunkt der Ortskurve k_s abgeleitet werden sollen, erfordern die Krümmungsverhältnisse besondere Beachtung. Hierbei muß jedoch zwischen beiden Stellungen unterschieden werden.

1.41 Stellung I

In der äußeren Steglage befinden sich die Punkte A und A_0 gemäß der Abbildung durch die Euler-Savary'sche Formel in der unteren Halbebene [12, 13], d.h. in diese Formel, allgemein in der Form

$$1/r - 1/r_0 = 1/w \qquad (9a)$$

mit $w = D \sin\varphi$ und D als Wendekreisdurchmesser, ist einzusetzen $r = -\overline{P_I A_I} = -(d+a)$, $r_0 = -\overline{P_I A_0} = -d$, $\varphi = \beta_I$, vgl. Abbildung 8. Damit folgt

$$D = D_I = \frac{d(d+a)}{a \sin\beta_I} \qquad (9b)$$

oder unter Beachtung von Gl. (1) auch

$$\frac{D_I}{d} = \frac{1+\lambda}{\lambda \sin\beta_I} = \frac{1}{\sqrt{\lambda}} \cdot \operatorname{ctg}\beta_I = \frac{2c}{a} \operatorname{ctg}\beta_I. \qquad (9c)$$

Der BALLsche Punkt U', welcher einen Flachpunkt in der Koppelkurve beschreibt, und zwar als Punkt U_I' in der Stellung I, ist der Schnittpunkt von Wendekreis und Kreisungspunktkurve k_{sI}. Für die Richtung des zugehörigen Polstrahles findet man aus Abbildung 8 den Wert

$$\operatorname{tg}\varphi_{UI} = 2c/D_I = \lambda \operatorname{tg}\beta_I, \qquad (10)$$

so daß, wie Abbildung 9 zeigt, der Winkel φ_{UI} leicht gezeichnet werden kann. Trägt man dann an t_I den Winkel φ_{UI} an, Abbildung 8, so trifft das Lot von T'_I auf den freien Strahl den Kreis k_{sI} in U'_I und die Polbahnnormale n_I in dem Wendepol W_I bzw. das Lot von B_I auf den gleichen Strahl die Polbahnnormale n_I im Mittelpunkt des Wendekreises k_{wI}.

Der Hub h der von U' beschriebenen Koppelkurve läßt sich wieder leicht abgreifen und rechnerisch mit $\vartheta = \beta_I + \varphi_{UI}$ zu $h = h_{max} \sin(\varphi_{UI} - \delta)$ angeben, Abbildung 7 und 8.

1.42 Stellung II

In der inneren Steglage liegen A_{II} und A_o in der oberen Halbebene, und in die Euler-Savary'sche Gleichung ist $r = d-a$ und $r_o = d$ einzusetzen. Dann folgt ähnlich wie oben

$$D = D_{II} = \frac{d(d-a)}{a \sin\beta_{II}} \tag{11a}$$

oder unter Beachtung von Gl. (1) auch

$$\frac{D_{II}}{dd} = \frac{1-\lambda}{\lambda \sin\beta_{II}} = \frac{1}{\nu\lambda} \operatorname{ctg}\beta_{II} = \frac{2c}{a} \cdot \operatorname{ctg}\beta_{II}. \tag{11b}$$

Der BALLsche Punkt $U'' = U''_{II}$ für diese Stellung liegt auf dem Polstrahl, dessen Richtung durch

$$\operatorname{tg}\varphi_{UII} = 2c/D_{II} = \lambda \operatorname{tg}\beta_{II} \tag{12}$$

bestimmt ist, so daß mit Abbildung 9 der Winkel φ_{UII} und nach Abbildung 8 der BALLsche Punkt wie auch der Wendepol W_{II} und Mittelpunkt des Wendekreises leicht gezeichnet werden können.

Der zugehörige Hub folgt mit $\vartheta = \beta_{II} - \varphi_{UII}$ zu $h = h_{max} \sin(\varphi_{UII} - \delta)$, vgl. Abbildung 7 und 8.

Es sei nochmals hervorgehoben, daß U' in der Stellung I und U'' in der Stellung II einen Flachpunkt beschreibt, d.h. es gibt auf der Ortskurve k_s <u>zwei</u> Punkte, welche (symmetrische) Koppelkurven mit Flachpunkt beschreiben.

1.43 Die Wendekreisdurchmesser

Es fällt auf, daß der Wendekreis k_{wII} einen wesentlich kleineren Durchmesser als der Wendekreis k_{wI} hat. Einen Überblick gibt das Verhältnis der Wendekreisdurchmesser, d.h.

$$\frac{D_{II}}{D_I} = \frac{\text{tg}\beta_I}{\text{tg}\beta_{II}} = \frac{1-\lambda}{1+\lambda} \sqrt{\frac{1 - \nu^2(1+\lambda)^2}{1 - \nu^2(1-\lambda)^2}}, \qquad (13)^{6)}$$

welches in Abbildung 10a, b in Abhängigkeiten von $\nu = d/2c$ und $\lambda = a/d$ dargestellt ist.

Zeichnet man diese beiden Diagramme in geeigneter Weise um, so entsteht das Nomogramm für das Durchmesserverhältnis der Wendekreise der inneren und äußeren Steglage, Abbildung 10c, dargestellt für die innere Steglage des Getriebes, d.h. man findet

$$m = \frac{D_{II}}{D_I} = f(\frac{1}{2\nu}, \lambda) = f(\frac{c}{d}, \frac{a}{d})$$

und daraus unmittelbar auch das Getriebe in dieser inneren Steglage, wie in Abbildung 10d dargestellt ist. Hierbei wird der Strahl KB_o halbiert, um den Punkt B zu gewinnen.

In Gl. (13) sind Grenzfälle enthalten:

a) $\nu = 0$, d.h. zentrische Kurbelschleife mit $m = \frac{1-\lambda}{1+\lambda}$

b) $m = 0$, d.h. $\nu = \frac{1}{1+\lambda}$ oder Verzweigungslage.

Da $\nu \geq 0$ sein soll, bleibt $m \leq \frac{1-\lambda}{1+\lambda}$, und da wegen der Drehfähigkeit $\nu(1+\lambda) \leq 1$ sein muß, gilt auch $m > 0$, d.h. wir haben die Grenzen

$$0 \leq m \leq \frac{1-\lambda}{1+\lambda},$$

oder, da auch $\lambda \leq 1$ sein muß,

$$0 \leq m \leq 1.$$

Will man noch das zentrische Getriebe angeben (Abs. 4.1), so kann mit

$$k = 2\nu^2(1 + \lambda^2) = 1$$

diese Ortsbedingung im Nomogramm gezeigt werden.

1.44 Die Krümmungsradien

Aus der Euler-Savary'schen Gleichung folgt bekanntlich [12, 13] für den Absolutbetrag des Krümmungshalbmessers ϱ der Wert

---

6. Es gilt auch einfach $D_{II} \text{tg}\beta_{II} = D_I \text{tg}\beta_I$.

$$g = \frac{r_2}{|w - r|}, \tag{14}$$

und für die Punkte K auf dem Kreis k_s ergeben sich in den beiden Stellungen die folgenden Formeln:

a) Stellung I

Es ist $P_{II} = r_I = 2c \sin(\beta_I + \varkappa)$, wie oben bereits benutzt, vgl. Gl. (4). Für den Polarwinkel φ in der Euler-Savary'schen Gleichung ist nach Abbildung 4 zu schreiben $\varphi = \vartheta - \beta_I$ oder mit $\vartheta = \pi/2 - \varkappa$ auch $\varphi = \pi/2 - (\beta_I + \varkappa)$, so daß in $w = D_I \sin\varphi$ hier $\sin\varphi = \cos(\beta_I + \varkappa)$ einzusetzen ist. Es folgt somit nach goniometrischer Umformung mit den Formeln für $\cos\alpha \cdot \cos\beta$ und $\sin\alpha \cdot \sin\beta$ bzw. $\sin^2\alpha$

$$\frac{g_I}{d} = \frac{\lambda \sin\beta}{\nu} \left[\frac{1 - \cos(2\beta_I - 2\varkappa)}{(1-\lambda)\cos\varkappa - (1+\lambda)\cos(2\beta_I + \varkappa)} \right]. \tag{15}$$

b) Stellung II

Wie oben gilt $\overline{P_{II}K_{II}} = r_{II} = 2c \sin(\beta_{II} + \varkappa)$. Ferner gilt für den Polarwinkel φ hier $\varphi = \beta_{II} - \vartheta$ oder mit $\vartheta = \pi/2 - \varkappa$ auch $\varphi = (\beta_{II} + \varkappa) - \pi/2$, also $\sin\varphi = -\cos(\beta_{II} + \varkappa)$ wird. So erhält man analog der Entwicklung für die Stellung I hier

$$\frac{P_{II}}{d} = \frac{\lambda \sin\beta_{II}}{\nu} \left[\frac{1 - \cos(2\beta_{II} + 2\varkappa)}{(1+\lambda)\cos\varkappa - (1-\lambda)\cos(2\beta_{II} + \varkappa)} \right]. \tag{16}$$

Auf diese Formeln wird im folgenden Absatz zurückgegriffen.

Im übrigen läßt sich jeweils der Krümmungsradius mit Hilfe der bekannten geometrischen Konstruktionen zeichnerisch ermitteln. Es erschien jedoch zweckmäßig, auch im Hinblick auf die folgenden Beispiele, die rechnerischen Unterlagen anzugeben.

1.5 Beispiele

1.51 Gegebener Hub

Trägt man den Hub bei gegebenem Getriebe vom Punkt B_o aus auf den zugehörigen Strahlen ab, so erhält man als Ortskurve für die Endpunkte dieser Strecken einen Kreis k^* vom Durchmesser h_{max}, dessen Tangente in B_o mit der Winkelhalbierenden m, vgl. Abbildung 4, zusammenfällt.

Auf der Senkrechten zu m durch B_o hat man also nur die Strecke $\overline{B_o M^*} = h_{max}$ abzutragen, um den Durchmesser $\overline{B_o M^*}$ und damit den Kreis k^* zu zeichnen.

Es gilt nach Abbildung 11 für den beliebigen Punkt K^* vom Polarwinkel ϑ doch $B_o K = h_{max} \cos(\frac{\pi}{2} - \varepsilon + \vartheta) = -h_{max} \sin(\vartheta - \varepsilon) = -h_{max} \cos(\varkappa + \varepsilon)$ in Übereinstimmung mit Gl. (6).

Ist nun $h \leq h_{max}$ gegeben, so trifft der Kreis um B_o mit h als Halbmesser den Kreis k^* in $K^* = K_1^*$ und in K_2^*. Die durch K_1^* und K_2^* bestimmten Polstrahlen treffen (in Abb. 11 nicht eingetragen) den Kreis k_{sI} in den gesuchten Koppelpunkten K_{1I} und K_{2I} (bzw. k_{sII} in K_{1II} und K_{2II}). Die Bilder K der Koppelpunkte K, welche den gleichen Hub erzeugen, liegen auf dem Kreis k^* symmetrisch zum Durchmesser $\overline{B_o M^*}$.

Zwischen den Winkeln $\varkappa_1$ und $\varkappa_2$ für die Koppelpunkte gleichen Hubes gilt beiläufig $\varkappa_2 + \varkappa_1 = 2\pi - 2\varepsilon$ und $\varkappa_2 - \varkappa_1 = 2\sigma$ mit $\cos\sigma = h_{max}/h$.

Es sei noch hervorgehoben, daß auf dem Steg durch k^* die Strecke $\overline{B_o A^*} = 2a$ abgeschnitten wird, so daß man auch A^* ermittelt und M^* als Schnittpunkt der Senkrechten zu m durch B_o und der Senkrechten zum Steg durch A^* bestimmen kann.

1.52 Sonderfall der sechspunktigen Geradführung

Wählt man $\beta_I = 60°$ und $\varphi_{UI} = 30°$, so fällt Punkt V_I mit dem Flachpunkt U_I' zusammen. Dies tritt ein, wenn nach Gl. (1) zunächst $\cos 60° = \nu(1+\lambda)$ und nach Gl. (10) $tg\, 30° = \lambda\, tg\, 60°$, also $\lambda = 1/3$ und $\nu = 3/8$ oder auch $a:c:d = 1:4:3$ ist. Dieses Getriebe zeigt Abbildung 12 mit dem Koppelpunkt U' und weiteren Koppelpunkten; nach [1] (dort Abb. 15) beschreibt U' eine Koppelkurve mit (in U_I') sechspunktig berührender Tangente.

1.53 Getriebe mit einer Rast

Bei gegebenem Getriebe läßt sich in bekannter Weise von einem Koppelpunkt K der Ortskurve k_s eine Rast ableiten, da ja der Krümmungsradius ϱ leicht ermittelt werden kann.

1.54 Getriebe mit zwei Rasten

Soll von einem Koppelpunkt auf der Ortskurve k_s eine zweifache Rast abgeleitet werden, d.h. für <u>beide</u> Steglagen, so muß für den gewählten Koppelpunkt der Betrag des Krümmungsradius in beiden Stellungen der gleiche sein, d.h. es muß die Bedingung $|g_I| = |g_{II}|$ erfüllt sein. Diese genügt jedoch nicht allein, sondern es muß auch die Krümmung in beiden Stellungen den gleichen Sinn haben, oder in den Stellungen K_I und K_{II} muß der Pfeil von K_I zum Krümmungsmittelpunkt K_{Io} den gleichen Sinn haben wie der Pfeil von K_{II} zum Krümmungsmittelpunkt K_{IIo}.

Verfolgt man hiernach die einzelnen Koppelpunkte in Abbildung 8, so zeigt sich nach der bekannten Abbildung durch die Euler-Savary'sche Formel, daß ein solcher Bereich nur

auf dem Bogen U'_I U''_I des Kreises k_{sI} bzw.

auf dem Bogen U'_{II} U''_{II} des Kreises k_{sII}

gegeben ist. In U'_I gilt $|g_I| \to \infty$, in U''_{II} gilt $|g_{II}| \to \infty$ (und in T''_{II} ist $|g_{II}| = 2c$, in T'_I ist $|g_I| = 2c$).

Für den Polarwinkel ϑ hat man also den Bereich $\vartheta_1 = \beta_I + \varphi_{UI}$ bis $\vartheta_2 = \beta_{II} - \varphi_{UII}$ oder für $\varkappa$ den Bereich $\varkappa_{UI} = \varkappa_1 = \pi/2 - (\beta_I + \varphi_{UI})$ bis $\varkappa_{UII} = \varkappa_2 = \pi/2 - (\beta_{II} - \varphi_{UII})$.

Nun ermittle man zeichnerisch oder rechnerisch nach den Gl. (15) und (16) die Werte von g_I und g_{II} und trage diese über $\varkappa$ als Abszisse auf, Abbildung 13. Der Schnittpunkt beider Kurven liefert den Winkel $\varkappa$ und die zugehörigen Werte $|g_I| = |g_{II}|$ bzw. den bezogenen Wert $|g_I/d| = |g_{II}/d|$.

Ein so erhaltenes Getriebe ist in Abbildung 14a und b dargestellt. Auf der Mittelsenkrechten zu $\overline{E_I E_{II}}$ (jetzt ist K_{Io} mit E_I und K_{IIo} mit E_{II} bezeichnet) wird ein Festpunkt E_o gewählt und $K_I E_I E_o$ bzw. $K_{II} E_{II} E_o$ als Zweischlag gewählt. Dann hat das Abtriebsglied 6 in den Stellungen I und II je eine Rast. Beachte, daß $\overline{E_I E_{II}} = \overline{K_I K_{II}} = h$ ist, und daß in Abbildung 14a die Lage von E_o auf der erwähnten Mittelsenkrechten bzw. die Länge des Gliedes EE_o die Größe des Winkels $\sigma_h = \sphericalangle E_I E_o E_{II}$ bestimmt. Das Abtriebsgesetz, d.h. in Abbildung 14b Winkel $\sigma = \sphericalangle E E_o E_I$ in Funktion des Kurbelwinkels α zeigt Abbildung 15.

Symmetrische Koppelkurven mit zwei 'geradlinigen' Stücken wurden bereits von K. RAUH[7] behandelt. Über die Besonderheit, daß hierbei nicht gewöhnliche Wendepunkte, sondern Flachpunkte vorliegen, lieferte E.A. DIJKSMAN[8] einen wesentlichen Beitrag (der während des Druckes bekannt wurde) und läuft hier eine Untersuchung.

---

7. Praktische Getriebelehre Bd. 1 (1951).
8. De Stangenvierzijde als Aandrijvingsmechanisme van het inwendige Maltezerkruis. 'De Ingenieur', Bd. 24, 1961.

2. Die symmetrische Doppelschwinge

Da die Maße der symmetrischen Doppelschwinge zur Festlegung der Maße der zugehörigen gleichschenkligen Kurbelschwinge herangezogen werden können, sei hierauf noch kurz eingegangen.

2.1 Maßbeziehungen

Aus der Doppelschwinge, Abbildung 1, erhält man bekanntlich auf Grund des Satzes von ROBERTS rechnerisch [4] die Maße der zugeordneten Kurbelschwinge, Abbildung 2, indem man im gegebenen Getriebe Koppel und Schwinge vertauscht, Abbildung 16a, und das so erhaltene Getriebe im Verhältnis u_1/c_1 umzeichnet, wobei $u_1 = \overline{K_1A_1} = \overline{K_1B_1}$ und $c_1 = \overline{A_1B_1}$ (sowie $\overline{A_{10}A_1} = \overline{B_{10}B_1} = a_1 = b_1$ und $A_{10}B_{10} = d_1$ sein soll). Die Maße des neuen Getriebes sind also $a = c_1 u_1/c_1 = u_1$, $c = a_1 u_1/c_1$, $b = c$, $d = d_1 u_1/c_1$; ferner ist Dreieck ABK ähnlich Dreieck A_1KB_1, also $\sphericalangle B_1A_1K = \sphericalangle KAB = \varkappa$, somit auch $u_1/c_1 = c/u = 1/(2\cos\varkappa)$.

Als Parameter seien noch eingeführt

$\lambda_1 = c_1/d_1$ der Doppelschwinge $= \lambda = a/d$ der Kurbelschwinge,

$\nu_1 = d_1/2a_1$ der Doppelschwinge $= \nu = d/2c$ der Kurbelschwinge.

Ferner sei die Lage des Koppelpunktes K durch seinen Abstand η von der Koppelmittellinie festgelegt. In Abbildung 16 ist dieser positiv (und hat auch beiläufig den Wert $\eta = \frac{1}{2} c_1 \sin \varkappa$).

2.2 Der Hub

Nach Abbildung 16b, c hat der Koppelpunkt K
in der Überkreuzlage die Ordinate $a_1 \sin\beta_I + \eta$,
in der Vierecklage die Ordinate $a_1 \sin\beta_{II} - \eta$, so daß für den Hub als Ordinatenunterschied

$$h = 2\eta - a_1 (\sin\beta_{II} - \sin\beta_I) \qquad (17)$$

folgt.

Für die Winkel ergibt sich aber rein formal

$$\cos\beta_I = (d_1 + c_1)/2a_1 = \nu_1(1 + \lambda_1) = \nu(1 + \lambda), \qquad (18a)$$

$$\cos\beta_{II} = (d_1 - c_1)/2a_1 = \nu_1(1 - \lambda_1) = \nu(1 - \lambda), \qquad (18b)$$

d.h. es wird auch rein rechnerisch bestätigt, daß die Winkel β_I und β_{II} für beide Getriebe in den zugehörigen Stellungen einander jeweils gleich sind.

Hiernach kann für den Hub geschrieben werden

$$h = 2(\eta - \eta_o) \tag{19}$$

mit

$$\eta_o = \frac{1}{2} a_1 (\sin\beta_{II} - \sin\beta_I), \tag{20a}$$

wobei auch

$$\frac{\eta_o}{d_1} = \frac{1}{4\nu} \cdot \left[\sqrt{1 - \nu^2(1 - \lambda)^2} - \sqrt{1 - \nu^2(1 + \lambda)^2} \right] \tag{20b}$$

ist und in Funktion der Parameter ν und λ die Kurventafel gemäß Abbildung 17 liefert.

Bei einem gegebenen Getriebe hängt nach Gl. (19) der Hub nur linear von der Ordinate η des Koppelpunktes in der Koppelebene ab. Der Hub wird gleich Null, wenn $\eta = \eta_o$ wird, d.h. der betreffende Koppelpunkt beschreibt eine Kurve mit Selbstberührungspunkt (vgl. Abs. 1.3 b) wie in Abbildung 18 zusammen mit anderen Koppelkurven dargestellt ist.

2.3 Rastgetriebe mit zwei Rasten

Soll von einem Koppelpunkt der Symmetrieachse ein Getriebe mit zwei Rasten abgeleitet werden, so geht man ähnlich vor wie in Absatz 1.4 und Absatz 1.54 und formt nur noch nachträglich nach ROBERTS um.

2.31 Die Wendekreise

Für die Stellung I ist in der Euler-Savary'schen Gleichung, Gl. (9a), zu setzen

$$r = r_I = \overline{P_I A_{1I}}, \quad r_o = r_{Io} = - \overline{P_I A_{1o}}.$$

Für diese Strecken folgt aber leicht aus der Ähnlichkeitsbeziehung

$$r_I = a_1 c_1/(d_1 - c_1), \quad r_{Io} = - a_1 d_1/(d_1 - c_1),$$

so daß die Euler-Savary'sche Gleichung hiernach für die Strecke $w = w_I$ den Wert $w_I = a_1 c_1 d_1/(d_1 - a_1)^2$ und daraus $D_I = w_I/\sin\beta_I$ liefert als bezogene Größe

$$\frac{D_I}{d_1} = \frac{\lambda}{1 - \lambda} \frac{1}{\sin 2\beta_I}, \tag{21a}$$

wobei $\sin 2\beta_I = 2 \sin\beta_I \cos\beta_I$ rechnerisch nach der Gl. (18a) leicht angegeben werden kann und wobei auch $2\beta_I = \sphericalangle B_{1o} P_I A_{1I}$ ist.

Für die Stellung II folgt dann analog

$$\frac{D_{II}}{d_1} = \frac{\lambda}{1-\lambda} \frac{1}{\sin 2\beta_{II}}, \qquad (21b)$$

wobei Gl. (18b) herangezogen werden kann und auch $2\beta_{II}$ gleich dem Nebenwinkel des Winkels $B_{10}P_{II}A_{10}$ in Abbildung 16c ist.

Das Verhältnis der Wendekreisdurchmesser für beide Parallellagen, der Überkreuzlage als Lage I, entsprechend der äußeren Steglage bei der Kurbelschwinge und der Vierecklage als Lage II, entsprechend der inneren Steglage bei der Kurbelschwinge, schreibt sich beiläufig hiernach (vgl. Abs. 1.43)

$$m = \frac{D_{II}}{D_I} = \frac{1+\lambda}{1-\lambda} \frac{\sin 2\beta_I}{\sin 2\beta_{II}} \qquad (22a)$$

oder auch mit Gl. (18a)

$$m^2 = \left(\frac{1+\lambda}{1-\lambda}\right)^4 \frac{1-\nu^2(1+\lambda)^2}{1-\nu^2(1-\lambda)^2}. \qquad (22b)$$

Stellt man diese Gleichung um so findet man sehr einfach

$$\frac{1}{\nu^2} = \frac{(1+\lambda)^6 - (1-\lambda)^6 m^2}{(1+\lambda)^4 - (1-\lambda)^4 m^2} \qquad (22c)$$

oder

$$\frac{1}{\nu^2} = (1+\lambda)^2 + \frac{4\lambda\, m^2}{\left(\frac{1+\lambda}{1-\lambda}\right)^4 - m^2}, \qquad (22d)$$

welche als formale Grenzwerte für

$$\begin{aligned} m = 0 &: \frac{1}{\nu^2} = (1+\lambda)^2, \\ m = 1 &: \frac{1}{\nu^2} = \frac{(3+\lambda^2)(1+3\lambda^2)}{2(1+\lambda^2)} \\ m = \infty &: \frac{1}{\nu^2} = (1-\lambda)^2 \end{aligned} \qquad (22e)$$

liefern.

In Abbildung 19a, b sind diese Zusammenhänge dargestellt.

Die Drehfähigkeit erfordert wie bei der Kurbelschwinge die Bedingungen

$$1/\nu^2 > (1+\lambda)^2 \qquad \nu(1+\lambda) \leqq 1 \quad \text{und} \quad \lambda < 1.$$

Nach Gl. (22e) ist für m = 0 gleichzeitig die Grenze der Drehfähigkeit gegeben, während nach Gl. (22d) doch mindestens $m^2 < (\frac{1+\lambda}{1-\lambda})^4$ sein muß, damit auch dort $1/\nu^2 > (1+\lambda)^2$ erfüllt ist, d.h. der zweite Summand einen positiven Wert annimmt. Somit wird für $0 \leq m \leq (\frac{1+\lambda}{1-\lambda})^2$ stets ein drehfähiges Getriebe erhalten.

Diese Bedingung hätte auch unmittelbar von der Kurbelschwinge abgeleitet werden können (Gl. 13). Denn dort wurden für $m = m_{KS}$ die Grenzen

$$0 \leq m_{KS} \leq (\frac{1-\lambda}{1+\lambda})^2$$

gefunden, und Gl. (13) und Gl. (22b) liefern mit $m = m_{DS}$ für die Doppelschwinge

$$m_{DS} = m_{KS} (\frac{1+\lambda}{1-\lambda})^3$$

und damit auch die obigen Grenzen für die Doppelschwinge

$$0 \leq m \leq (\frac{1+\lambda}{1-\lambda})^2 .$$

Zeichnet man Abbildung 19b in geeigneter Weise um, so entsteht das Nomogramm, Abbildung 19c, für das gleiche Wendekreisdurchmesserverhältnis als Funktion g der Parameter ν und λ:

$$m = \frac{D_{II}}{D_I} = g(1/2\nu, \lambda) = g(a/d, c/d)$$

für die Parallellage (Vierecklage) der symmetrischen Doppelschwinge, wie auch das Beispiel in Abbildung 19d zeigt.

Will man noch die zentrische Doppelschwinge angeben (vgl. Abs. 4), so findet man für die Totlage des Punktes B die gleiche Form

$$k = 2 \nu^2 \cdot (1+\lambda^2) = 1$$

wie bei der Kurbelschwinge.

2.32 Die Krümmungshyperbel

In Gl. (14) war die allgemeine Formel für den Krümmungsradius ϱ angegeben. Trägt man nun auf einem beliebigen Polstrahl r, der mit der Polbahntangente t den Winkel φ bildet, die Werte von ϱ als Ordinate auf, Abbildung 20, so erhält man eine Hyperbel, die "Krümmungshyperbel" [vgl. auch 10].

Diese geht durch den Momentanpol P und hat für r = w die eine Asymptote, während die andere mit der r-Achse einen Winkel von 45° bildet, durch den Punkt M (w, 2w) geht und den Punkt C_ψ des Rückkehrkreises k_ψ mit dem Strahl r gemeinsam hat.

Da im folgenden nur die Absolutwerte von ϱ interessieren, werden beide Zweige nach einer Seite geklappt, vgl. Abbildung 21.

2.33 Der geeignete Koppelpunkt

Soll von einem Koppelpunkt K auf der Symmetrieachse eine Rast abgeleitet werden, so müssen für diesen in den beiden Stellungen I und II nicht nur - wie bereits in Absatz 1.54 ausgeführt - die Beträge der Krümmungsradien einander gleich sein, sondern diese müssen auch den gleichen Richtungssinn haben. Zu diesem Zweck wird in Abbildung 21 neben das Getriebe in der Stellung II das umgeklappte Getriebe in der Stellung I gezeichnet, derart, daß die Koppeln beider Stellungen, aber auch die gewählten Koppelpunkte, in gleicher Höhe liegen. Jetzt ermittelt man, da ja die Wendekreise bekannt sind, die Krümmungshyperbel für die Stellung II, ebenso für die umgeklappte Stellung I. Hier ist $\varphi = 90°$, $w_I = D_I$ und $w_{II} = D_{II}$ zu setzen.

Verfolgt man die Punkte K auf der Symmetrieachse, d.h. auf den jeweiligen Polbahnnormalen, so haben nur die Krümmungen der Koppelkurven für Koppelpunkte in der oberen Halbebene innerhalb k_{wI} und außerhalb k_{wII} in der Zeichnung in der umgeklappten Stellung den umgekehrten, also in der zurückgeklappten Stellung den gleichen Sinn. Daher kommt nur dem Schnittpunkt X der beiden "Krümmungshyperbeln" Bedeutung zu. Er liefert sofort für den Koppelpunkt die gesuchte Ordinate η und den zugehörigen Krümmungsradius $\varrho_o = \varrho_I = \varrho_{II}$, wie neben der Krümmungshyperbel angegeben.

Nun ist die zeichnerische Methode nicht sehr genau, da D_I gegenüber D_{II} sehr klein ist und sich infolgedessen nur steile Schnitte der beiden Kurven ergeben. Es empfiehlt sich daher eine rechnerische Kontrolle, wenn man nicht überhaupt die Rechnung in Verbindung mit einer Skizze vorziehen will.

Für einen Punkt K außerhalb von k_{wI} in Stellung I in der "oberen" Halbebene ist in die Formel für ϱ für Stellung II $r = \overline{P_{II}K} = \overline{P_{II}A} \sin\beta_{II} + \eta$ einzusetzen, wobei nach Absatz 1.3 a $\overline{P_{II}A} = a_1 c_1/(d_1 - c_1)$ ist. Dann erhält man mit $w = D_{II}$ für ϱ_{II} die Formel

$$g_{II} = \frac{(\eta + q)^2}{D_{II} - (\eta + q)} \quad \text{oder} \quad \frac{g_{II}}{d_1} = \frac{(\overline{\eta} + \overline{q})^2}{\overline{D}_{II} - (\overline{\eta} + \overline{q})} \tag{23a}$$

wenn man bezogene Größen einführt. Hierbei folgt $\overline{D}_{II} = D_{II}/d_1$ aus Gl. (21b) und

$$\overline{q} = q/d_1 = \frac{\lambda}{2} \operatorname{tg}\beta_{II} . \tag{23b}$$

Für die Stellung I liegt K außerhalb des Wendekreises, es ist $g_I = r^2/(r - D_I)$ anzusetzen, und man erhält analog

$$g_I = \frac{(\eta + p)^2}{(\eta + p) - D_I} \quad \text{oder} \quad \frac{g_I}{d_1} = \frac{(\overline{\eta} - \overline{p})^2}{(\overline{\eta} + \overline{p}) - \overline{D}_I}, \tag{23c}$$

wobei $\overline{D}_I = D_I/d_1$ aus Gl. (21a) folgt und

$$\overline{p} = p/d_1 = \frac{\lambda}{2} \operatorname{tg}\beta_I \tag{23d}$$

wird.

Man kann hiernach in der Nähe des nach der Skizze, Abbildung 21, zu erwartenden Wertes η einige Werte λ einsetzen und die Differenz $g_I - g_{II}$ berechnen. Dort, wo diese gleich Null werden, liegt der gesuchte Wert η und damit g_0 vor. Nullsetzen der Differenz bzw. Gleichsetzen der Werte g führt auf eine Gleichung dritten Grades in η. Hierbei hat man, wenn unabhängig von der Skizze gerechnet werden soll, für η die Grenzen

$$D_I - p < \eta < D_{II} - q,$$

bzw. in entsprechender Weise für die bezogenen Größen

$$\overline{D}_I - \overline{p} < \overline{\eta} < \overline{D}_{II} - \overline{q}$$

zu beachten.

3. Die Doppelkurbel

Wenn auch formal von der Kurbelschwinge zur Doppelkurbel durch Erweiterung des Bereiches der Parameter übergegangen werden kann, soll diese, zumal ihre Koppelkurven einen anderen Charakter als die der Kurbelschwinge bzw. der entsprechenden Doppelschwinge haben, doch besonders behandelt werden. Hierbei wird oft auf Absatz 1 und 2 zurückgegriffen.

3.1 Die gleichschenklige Doppelkurbel

3.11 Die Ortskurve k_s

Wie bei der Kurbelschwinge werden symmetrische Koppelkurven bei der gleichschenkligen Doppelkurbel (wie sich aus der symmetrischen Doppelkurbel, vgl. Abs. 3.2, entwickeln läßt) von den Koppelpunkten beschrieben, welche auf dem um B mit c = b beschriebenen Kreis liegen. Die symmetrischen Stellungen werden in den Steglagen I und II erhalten, vgl. Abbildung 22.

3.12 Der Hub

Im Unterschied gegenüber der Kurbelschwinge ist jetzt der Hub die <u>Summe</u> der Strecken $\overline{B_o K_I}$ und $\overline{B_o K_{II}}$, und für diese folgt

$$R_I = \overline{B_o K_I} = 2c \cos(\beta_I - \vartheta) = 2c \sin(\varkappa + \beta_I), \qquad (24a)$$

$$R_{II} = \overline{B_o K_{II}} = 2c \cos(\beta'_{II} - \vartheta) = 2c \sin(\varkappa + \beta'_{II}). \qquad (24b)$$

Trägt man hier die Radienvektoren $r = (R_I + R_{II})/2$ unter Beachtung der Vorzeichen von R_I und R_{II} von B_o aus auf, so erhält man den Kreis k^* bei der benachbarten Kurbelschwinge, trägt man bei dieser ebenso die Radienvektoren $r = (R_I + R_{II})/2$ von B_o auf, so erhält man den Kreis k^* bei der benachbarten Doppelkurbel. Das heißt, hält man bei einer Kurbelschwinge die Kurbel fest und dreht den Steg, so erhält man eine Doppelkurbel. Die beiden Getriebe sind also "benachbarte" Kurbeltriebe.

Dabei ist der Winkel der Abtriebskurbel der Doppelkurbel durch $\beta_{II} = \beta'_{II} + \pi$ gegeben[9], und es gilt dann

$$\cos\beta_I = (a+d)/2c = \overline{\nu}(1+\overline{\lambda}), \quad \cos\beta'_{II} = \overline{\nu}(1-\overline{\lambda}), \qquad (25)$$

wenn <u>hier</u>, da jetzt d < a ist, gegenüber der Kurbelschwinge die Parameter $\overline{\lambda} = d/a = \lambda$ und $\overline{\nu} = a/2c = \lambda\nu$ bzw. $\nu = \overline{\lambda}\overline{\nu}$ eingeführt werden. Durch ähnliche Umformungen wie bei der Kurbelschwinge erhält man dann

$$h = 2a \sin\varkappa + 2c \cos\varkappa (\sin\beta_I + \sin'_{II}), \qquad (26)$$

wobei $2c \cos\varkappa$ wieder die Strecke $\overline{AK}$ darstellt, ferner

---

9. Es lassen sich naturgemäß die Formeln von der Kurbelschwinge unmittelbar übernehmen, nur wird λ größer als eins und erhält $\cos\beta_{II}$ wie $\sin\beta_{II}$ ein negatives Vorzeichen.

$$h = h_{max} \sin(\varkappa + \varepsilon') \qquad (27a)$$

mit $h_{max} = 4c \cos \delta'$,

$$\varepsilon' = (\beta'_{II} + \beta'_I)/2 = \sphericalangle A_I B_o M_I = \sphericalangle A_{II} B_o M_{II}, \qquad (27b)$$

$$\delta' = (\beta'_{II} - \beta'_I)/2 = \sphericalangle T'_I B_o T''_I/2 = \sphericalangle T''_{II} B_o T'_I/2. \qquad (27c)$$

M_I und M_{II} sind hierbei die Schnittpunkte der Kreise k_{SI} bzw. k_{SII} mit der Senkrechten m' zur gemeinsamen Sekante m (durch B_o und O).

Für $\sin \varepsilon'$ erhält man die gleiche Formel wie in Gl. (8), wenn dort ν und λ durch die überstrichenen Größen ersetzt werden, während h_{max}, jetzt auf a bezogen, die Form

$$\frac{h_{max}}{a} = \frac{1}{\bar{\nu}} \sqrt{(1+\bar{\nu})^2 - (\bar{\nu}\bar{\lambda})^2} + \sqrt{(1-\bar{\nu})^2 - (\bar{\nu}\bar{\lambda})^2} \qquad (28)$$

erhält. Das Diagramm gemäß Abbildung 6 für ε kann übernommen werden, wenn ε durch ε', λ durch $\bar{\lambda}$ und ν durch $\bar{\nu}$ ersetzt werden. Den Verlauf von h_{max}/a mit den leicht zu übersehenden Grenzfällen $\bar{\lambda} = 0$, $\bar{\lambda} = 1$ sowie $\bar{\nu}(1+\bar{\lambda}) = 1$, vgl. Kurbelschwinge, zeigt Abbildung 23.

Für den Sonderfall der zentrischen, aber umlaufenden Kurbelschleife, d.h. für $c \to \infty$ oder $\nu \to 0$ geht zwar h_{max} nach unendlich, aber Gl. (26) liefert unmittelbar, da jetzt $\sin\beta_I$ und $\sin\beta_{II}$ nach eins gehen, den Hub

$$h = 2a + 2\eta \quad \text{mit} \quad \eta = \overline{AK} \qquad (29)$$

gegenüber dem Hub $h = 2a$ bei der schwingenden Schleife, Abbildung 25.

Besondere Werte des Hubes ergeben sich dann wieder ähnlich wie bei der Kurbelschwinge, vgl. Abbildung 22 sowie Abbildung 24 für folgende Koppelkurven:

a) Die Koppelkurven mit maximalem Hub werden vom Punkt M beschrieben: $h_{max} = \overline{M_I M_{II}}$, (Abb. 22).

b) Der Punkt O beschreibt eine Koppelkurve mit Selbstberührungspunkt. Dies gilt auch für die umlaufende, zentrische Kurbelschleife, Abbildung 25: Wenn nach Gl. (29) $\eta = -a$ wird, also der Koppelpunkt K (hier identisch O) in den Steglagen K_I und K_{II} mit A_o zusammenfällt, wird auch hier eine Koppelkurve mit Selbstberührungspunkt beschrieben.

c) **Symmetriepunkt** zu A, vgl. Absatz 1.3 d.

d) **Koppelkurven mit Spitzen:** Hier gilt Ähnliches wie in Absatz 1.3 e, der zugehörige Hub, vgl. auch Abbildung 22 und 23, errechnet sich wie dort zu $h = 2c \sin(\beta'_{II} - \beta_I)$.

e) **Koppelkurven mit Flachpunkten**, beschrieben von den Koppelpunkten U' und U", vgl. Absatz 1.3.

3.13 Die Krümmungsverhältnisse

3.131 Die Wendekreise

Für die Stellung I ergibt sich in gleicher Weise wie bei der Kurbelschwinge - nur mit den anderen Parametern -

$$D_I = 2c\bar{\lambda}\ \text{ctg}\beta_I \quad \text{oder} \quad D_I/a = \bar{\lambda}/\bar{\nu}\ \text{tg}\beta_I , \qquad (30)$$

während in der Stellung II für die Euler-Savary'sche Gleichung anzusetzen sind, vgl. auch Abbildung 26a: $r = -(a+d)$, $r_o = -d$, also

$$D_{II} = 2c\bar{\lambda}\ \text{ctg}\beta'_{II} \quad \text{oder} \quad D_{II}/a = \bar{\lambda}/\bar{\nu}\ \text{tg}\beta'_{II} \qquad (31)$$

liefert. Es gilt also wie bei der Kurbelschwinge $D_I\ \text{tg}\beta_I = D_{II}\text{tg}\beta_{II}$, so daß auch Gl. (13) für das Verhältnis D_{II}/D_I sowie Abbildung 10 gilt, wenn dort die Parameter ν, λ durch die überstrichenen ersetzt werden.

Ebenso gelten auch die gleichen Randbedingungen für die Drehfähigkeit der Doppelkurbel, d.h. es muß sein

$$(1+\bar{\lambda})\bar{\nu} < 1 ,$$

ebenso $\bar{\lambda} < 1$, d.h. $d < a$.

Somit gilt auch das Nomogramm (Abb. 10c) für die Lage II in Abbildung 26; es entspricht die linke Steglage der Doppelkurbel (Kurbel a) der inneren Steglage der Kurbelschwinge, d.h. Steg und Kurbel müssen vertauscht werden.

Abbildung 26b zeigt für ein Beispiel, wie das Nomogramm der Kurbelschwinge für die Doppelkurbel benutzt wird.

3.132 Die Krümmungsradien

Die Flachpunkte U' und U" folgen in gleicher Weise wie bei der Kurbelschwinge. Es ist

$$\tg \varphi_{UI} = \lambda \, \tg \beta_I \quad \text{oder} \quad \bar{\lambda} \cdot \tg \varphi_{UI} = \tg \beta_I \, , \tag{32a}$$

$$\tg \varphi_{UII} = \lambda \, \tg \beta'_{II} \quad \text{oder} \quad \bar{\lambda} \cdot \tg \varphi_{UII} = \tg \beta'_{II}, \tag{32b}$$

so daß auch diese Winkel und damit die Wendekreise wie bei der Kurbelschwinge konstruiert werden können. Ferner ist hier

$$\varkappa_{UI} = \pi/2 - (\varphi_{UI} + \beta_I), \quad \varkappa_{UII} = -\left[\frac{\pi}{2} - (\varphi_{UII} - \beta'_{II})\right].$$

Für den Krümmungsradius in einem beliebigen Punkt gelten für die Stellung I zunächst Gln. (15a) und (15b), während die bezogene Form sich jetzt

$$\frac{\varrho_I}{a} = \frac{\sin \beta_I}{\bar{\nu}} \cdot \left[\frac{1-\cos(2\beta_I + 2\varkappa)}{(1+\bar{\lambda})\cos(2\beta_I+\varkappa)-(1-\bar{\lambda})\cos\varkappa}\right] \tag{33}$$

schreibt.

In der Stellung II ist in die Euler-Savary'sche Gleichung einzuführen, vgl. auch Abbildung 26a, $\varphi = \varphi_{II} = \vartheta - \beta'_{II} = \pi/2 - (\varkappa + \beta'_{II})$, also $\sin \varphi_{II} = \cos(\varkappa + \beta'_{II})$. Dann gelten auch die Gln. (15a/b) für ϱ_{II}, wenn dort der Index I durch den Index II ersetzt und statt β_{II} dann β'_{II} geschrieben wird. Für die bezogene Form kann in gleicher Weise Gl. (33) übernommen werden.

3.14 Beispiele

Beispiel 1: Ermittlung einer symmetrischen Koppelkurve bei gegebenem Hub h und gegebenem Getriebe. Die Lösung entspricht der bei der Kurbelschwinge (Abs. 1.51), so daß von einer Wiederholung abgesehen werden kann. Nur liegt der Durchmesser des Kreises k^* jetzt auf der Geraden m' der Abbildung 22: Es muß dann auf dieser $\overline{B_o M^*} = h_{max}$ gezeichnet werden als Durchmesser des Kreises k^*.

Beispiel 2: Der Entwurf eines Koppelrastgetriebes mit einer Rast, abgeleitet von einer symmetrischen Koppelkurve, wird in bekannter Weise behandelt.

Beispiel 3: Entwurf eines Koppelrastgetriebes mit zwei Stillständen aus einer gegebenen Doppelkurbel. Grundsätzlich liegt die gleiche Aufgabe wie im Beispiel 1.53 bei der Kurbelschwinge vor. Verfolgt man die Krümmung der Bahnen für die Punkte K auf dem Kreis k_{sI} bzw. k_{sII}, so zeigt sich in Abbildung 26a als brauchbarer Bereich für gleichen Krümmungsbetrag und gleiche Krümmungsrichtung jetzt der Bogen $U'_I U''_I$ des Kreises k_{sI} bzw. der entsprechende Bogen des Kreises k_{sII}, doch diesmal unter Einschluß des Punktes B_o. Man ermittelt also zeichnerisch oder rechnerisch nach den Gleichungen in Absatz 3.132 die Krümmungsradien ϱ_I und ϱ_{II} und trägt diese in Funktion des Koppelwinkels $\varkappa$ auf, vgl. Abbildung 27. Hierbei schneiden sich die entsprechenden Kurven aber nicht nur in einem, sondern in <u>drei</u> Punkten, so daß an sich drei Koppelpunkte vorliegen, welche die Bedingungen hinsichtlich der Krümmung erfüllen (vgl. u.).

Beim Aufzeichnen der beiden Kurven sind die folgenden Koppelpunkte bzw. Werte des Winkels $\varkappa$ nützlich:

- $\varkappa_1 = (\beta_I + \varphi_{UI}) - \pi/2$, Punkt U', d.h. $\varrho_I = \infty$,

- $\varkappa = \beta_I$, $\varrho_I = 0$, $\varrho_{II} \neq 0$ (Kurve des Punktes Q),

- $\varkappa = \varepsilon'$, Hub $h = 0$ (Kurve des Punktes O),

- $\varkappa = \beta'_{II}$, $\varrho_{II} = 0$, aber $\varrho_I \neq 0$ (Kurve des Punktes S),

- $\varkappa_2 = \pi/2 - (\varphi_{UII} - \beta'_{II})$, Punkt U", d.h. $\varrho_{II} = \infty$,

ferner außerhalb des Bereiches noch $\varkappa = -\pi/2$, d.h. $\varrho_I = \varrho_{II} = a$.

Von den möglichen Punkten scheiden jedoch, wie Abbildung 27 erkennen läßt, die beiden links gelegenen Schnittpunkte aus, da dort einmal der Hub, das andere Mal der Radius ϱ sehr klein ist.

Das hiernach gefundene Rastgetriebe zeigt Abbildung 28, das Gesetz des Abtriebes Abbildung 29.

<u>3.2 Die symmetrische Doppelkurbel</u>

<u>3.21 Der Hub</u>

In gleicher Weise wie bei der Doppelschwinge werden hier bei der Doppelkurbel die Parameter $\bar{\nu}_1 = c_1/2a_1 = \bar{\nu}$ und $\bar{\lambda}_1 = d_1/c_1 = \bar{\lambda}$ eingeführt, wobei $\bar{\nu}_1$ gleich dem Parameter $\bar{\nu}$ und $\bar{\lambda}_1$ gleich dem Parameter $\bar{\lambda}$ der nach ROBTERS umgeformten Doppelkurbel ist.

Aus Abbildung 30a, b erhält man für die Winkel der Kurbel a_1 in den beiden Parallellagen ähnlich wie bei der Kurbelschwinge

$$\cos\beta_I = (c_1+d_1)/2a_1 = \bar{\nu}_1(1+\bar{\lambda}_1) = \bar{\nu}(1+\bar{\lambda}), \quad (34a)$$

$$\cos\beta'_{II} = (c_1-d_1)/2a_1 = \bar{\nu}_1(1-\bar{\lambda}_1) = \bar{\nu}(1-\bar{\lambda}), \quad (34b)$$

mit ν und λ als den Parametern der zugeordneten gleichschenkligen Doppelkurbel. Für den Hub h liest man sonach mit y_I und y_{II} als den Absolutwerten der Ordinaten von A_1 in den beiden Stellungen ab
$h = |y_{II}| + \eta + |y_I| + \eta$ oder

$$h = 2(\eta + \eta_o), \quad (35)$$

worin $\eta_o = (y_{II} - y_I)/2 = a_1(\sin\beta'_{II} + \sin\beta_I)/2$ ist (wie bei der Kurbelschwinge, wenn man beachtet, daß y_I negativ ist). Es gilt auch in bezogener Schreibweise:

$$\bar{\eta}_o = \frac{\eta_o}{c_1} = \frac{1}{4\bar{\nu}} \cdot (\sin\beta'_{II} + \sin\beta_I) \quad (36a)$$

mit

$$\sin\beta'_{II} = \sqrt{1 - \bar{\nu}^2(1-\bar{\lambda})^2}, \quad \sin\beta_I = \sqrt{1 - \bar{\nu}^2(1+\bar{\lambda})^2}, \quad (36b)$$

vgl. die Kurventafel in Abbildung 31.

Für die Koppelordinate $\eta = -\eta_o$, welche aus den Ordinaten y_I und y_{II} ja zeichnerisch leicht abgegriffen werden kann, liefert die Koppelkurve den Hub Null, sie hat einen Selbstberührungspunkt [10, 11], vgl. Abbildung 32 mit den Koppelkurven.

3.22 Rastgetriebe mit zwei Rasten

Da die Doppelkurbel die kinematische Umkehrung der Doppelschwinge ist, also Wende- und Rückkehrkreis vertauscht werden, erhält man bei gleichen Abmessungen die gleichen Wendekreisdurchmesser, und so folgt mit den hier gewählten Parametern $\bar{\nu}_1 = \bar{\nu}$ und $\bar{\lambda}_1 = \bar{\lambda}$

$$\bar{D}_I = \frac{D_I}{c_1} = \frac{\bar{\lambda}}{1+\bar{\lambda}} \frac{1}{\sin 2\beta_I}, \quad \bar{D}_{II} = \frac{D_{II}}{c_1} = \frac{\bar{\lambda}}{1-\bar{\lambda}} \frac{1}{\sin 2\beta'_{II}}. \quad (37)$$

Das Verhältnis dieser Durchmesser, das gleiche wie in Absatz 2.31 und in Abbildung 33a graphisch dargestellt, hat außer bei dem formalen Grenzfall $\bar{\lambda} = 0$ noch dann den Wert eins, wenn gerade

$$\bar{v}^2 = \frac{2(1 + \bar{\lambda}^2)}{(3 + \bar{\lambda}^2)(1 + 3\bar{\lambda}^2)} \qquad (38)$$

ist, wobei diese Parameterkombination erst für $\bar{\lambda} = 1$ zur Verzweigungslage führt. Auch kann wieder das Nomogramm nach Abbildung 19c verwendet werden, wie Abbildung 33b für die Parallellage (Vierecklage) der Doppelkurbel zeigt, wobei

$$m = \frac{\overline{D}_{II}}{\overline{D}_{I}} = \frac{1 + \bar{\lambda}}{1 - \bar{\lambda}} \frac{\sin 2\beta_I}{\sin 2\beta'_{II}}$$

in Übereinstimmung mit Gl. (21) angegeben wird.

Mit Hilfe der 'Krümmungshyperbeln' läßt sich dann der Koppelpunkt finden, welcher in den Stellungen I und II den gleichen Krümmungsradius bei gleichem Krümmungssinn hat, vgl. Abbildung 34. Hier ist wieder das Getriebe in der Stellung I so umgeklappt dargestellt, daß die Koppeln und damit die entsprechenden Koppelpunkte in gleicher Höhe liegen. Verfolgt man die Art der Krümmung auf der Symmetrieachse, so erkennt man, daß der brauchbare Bereich hier zwischen W_I und W_{II} liegt. In diesem Intervall schneiden sich die Krümmungshyperbeln wie die ϱ-Kurven bei der gleichschenkligen Doppelkurbel im entsprechenden Intervall in drei Punkten.

Zur Rechnung oder zur Unterstützung der Zeichnung stehen dann wie bei der Doppelschwinge die Gleichungen

$$\frac{\varrho_I}{c_1} = \frac{(\bar{\eta} + \bar{p})^2}{\overline{D}_I - (\bar{\eta} + \bar{p})} \quad , \quad \frac{\varrho_{II}}{c_1} = \frac{(\bar{\eta} + \bar{q})^2}{\overline{D}_{II} + (\bar{\eta} + \bar{q})} \qquad (39)$$

zur Verfügung, wobei $\bar{\eta} = \eta/c_1$, $\bar{p} = \frac{1}{2} \text{tg}\beta_I$, $\bar{q} = \frac{1}{2} \text{tg}\beta'_{II}$ geschrieben wurde. Gleichsetzen der beiden Werte für ϱ liefert die Bestimmungsgleichung, welche hier auf drei reelle Werte führt[10].

Als praktisch geeignet erscheint der Punkt K_1, da er gegenüber Punkt K_3 einen nicht zu großen Krümmungsradius hat, vgl. Abbildung 34, während K_2 in der Nähe des Punktes O liegt, welcher den Hub Null liefert. Der

---

10. Da mit den Absolutwerten der Krümmungsradien bei Darstellung der Krümmungshyperbeln gearbeitet wird, würde man für den gesamten überhaupt möglichen Bereich nicht eine Gleichung dritten, sondern sechsten Grades erhalten:
$$\varrho_I^2 = \varrho_{II}^2 \; .$$

Krümmungsradius ist zu klein, wie auch Abbildung 35 erkennen läßt: Das angeschlossene Getriebe ist nicht 'drehfähig'.

Wenn auch als Hub h die Strecke zwischen den Lagen K_I und K_{II} eines Koppelpunktes K angegeben wurde, so zeigt sich doch z.B. bei der Koppelkurve des Punktes K_2, daß diese noch außerhalb des 'Hubes' h einen Doppelpunkt D auf der Symmetrieachse aufweist. Dieser Doppelpunkt muß bekanntlich auf dem Umkreis des dem Koppeldreieck ABK ähnlichen Fokaldreiecks A_{10}, B_{10}, C_o liegen, fällt also hier, da Dreieck ABK gleichschenklig ist, mit dem Fokalzentrum C_o zusammen. Beschreibt man nun um C_o mit AK einen Kreis, in Abbildung 36 herausgezeichnet, so trifft dieser den Kurbelkreis von A_1 in den Punkten A^1 und A^2, den Kurbelkreis von B_1 in den Punkten B^1 und B^2, wodurch die Stellungen bestimmt sind, in welchem der Doppelpunkt beschrieben wird. Die gewonnenen Punkte A^1, A^2 bzw. B^1, B^2 liegen symmetrisch zu $\overline{A_{10}C_o}$ bzw. zu $\overline{B_{10}C_o}$, und für den eingetragenen Winkel φ findet man unter Benutzung der Polargleichungen der zum Schnitt gebrachten Kreise die Beziehung

$$\cos\varphi = \frac{a^2 + u^2 + e^2}{2ae} \tag{40}$$

mit $u = \overline{AK}$ und $e = u\, d_1/c_1 = \overline{A_{10}C_o}$. Reelle Schnittpunkte liegen nur in dem Bereich

$$\beta_I \leqq \varkappa \leqq \beta'_{II}$$

vor. Der untere Wert entspricht dem Pol $P_I \equiv Q_I$, der obere dem Pol $P_{II} \equiv S_{II}$ mit Spitzen. Es muß also hier $\varkappa$ nach unten abgetragen werden, d.h. eigentlich als negativer Wert gezählt werden. Sinngemäß läßt sich diese Überlegung auch auf die gleichschenklige Doppelkurbel übertragen: $-\beta'_{II} \leqq \varkappa \leqq -\beta_I$.

Man kann beiläufig den Winkel φ auch in einer Sonderfigur konstruieren, Abbildung 37: Um die Endpunkte der Strecke a zieht man Kreise mit u und $e = u\, d/c$: der von e und a eingeschlossene Winkel φ ist der gesuchte.

4. Sondergetriebe

Besondere Abmessungen der behandelten Getriebe ergeben besondere Vereinfachungen, so daß diese nicht unerwähnt bleiben sollen.

4.1 Zentrische Getriebe

4.11 Die gleichschenklige zentrische Kurbelschwinge

Bei einer zentrischen Kurbelschwinge geht die Sekante durch die Totlagen B_a und B_i des Schwingenendpunktes B auch durch A_o. Wird dazu noch Gleichheit von Koppellänge und Schwingenlänge gefordert, so hat der Parameter ν den besonderen Wert

$$\nu_z = 1/\sqrt{2(1+\lambda^2)}, \qquad (41)$$

wie an anderer Stelle gezeigt [14, 15, 16, 17, 18].

Aus dieser Bedingung folgt weiter [16, 18], daß dann, wenn die Kurbel senkrecht zum Steg steht, auch Koppel und Schwinge aufeinander senkrecht stehen.

Für die Schwingungswinkel β_I und β_{II} in den Steglagen ergeben sich aber nach Absatz 1.2 $\sin\beta_I = \sqrt{1-\cos^2\beta_I} = \nu_z(1-\lambda) = \cos\beta_{II}$, d.h.

$$\beta_I + \beta_{II} = \pi/2; \qquad (42)$$

die Koppel in der Stellung I (II) steht senkrecht zur Schwinge in der Stellung II (I). Die dort (Abs. 1.2) angegebenen Winkel haben die Größe $\varepsilon = \pi/4$ und $\delta = \pi/4 - \beta_I = \beta_{II} - \pi/4$, und daraus folgt, wie auch aus dem Kreis k^* (vgl. Abs. 1.51) zu erkennen,

$$h_{max} = 2a\sqrt{2} \quad \text{oder} \quad h_{max}/d = 2\lambda\sqrt{2}.$$

Um den Unterschied zwischen dem zentrischen und nicht zentrischen gleichschenkligen Getriebe zu kennzeichnen, wurde der Parameter $k = \nu/\nu_z$ eingeführt mit den Grenzen $0 \leq k \leq \sqrt{2}$, so daß in verschiedenen Kurventafeln, wie z.B. 5a, b und 6, noch die Bereiche $k < 1$ und $k > 1$ mit der Grenze $k = 1$ für das zentrische Getriebe unterschieden wurden.

So schreiben sich für $k = 1$ die Wendekreisdurchmesser auch einfach

$$\frac{D_I}{d} = \frac{\nu}{\lambda} \cdot \left(\frac{1+\lambda}{1-\lambda}\right), \quad \frac{D_{II}}{d} = \frac{\nu}{\lambda} \cdot \left(\frac{1-\lambda}{1+\lambda}\right),$$

so daß dann $D_{II}/D_I = (1-\lambda)^2/(1+\lambda)^2$ wird und als Kurve 'k=1' in Abbildung 10a erscheint. Ferner gelten für die Flachpunkte

$$\text{tg}\,\varphi_{UI} = \lambda(1-\lambda)/(1+\lambda), \quad \text{tg}\,\varphi_{UII} = \lambda(1+\lambda)/(1-\lambda).$$

4.12 Die drehfähige symmetrische zentrische Doppelschwinge

Ergänzt man die symmetrische Doppelschwinge in Abbildung 38 durch den Zweischlag $A_{10}A_1^*B_1$, so daß $A_{10}A_1^*B_1A_1$ ein Parallelogramm ist, so stellt das Getriebe $A_{10}A_1^*B_1B_{10}$ eine gleichschenklige Kurbelschwinge dar[11]. Ist diese zentrisch, so sei auch die Doppelschwinge zentrisch genannt. Dies bedeutet, daß in den Totlagen jeweils die Sehnen durch A_{10} bzw. B_{10} gehen oder daß dann, wenn die Koppel senkrecht zum Steg steht, auch die Schwingen aufeinander senkrecht stehen. Ebenso sind die Winkel für die in Absatz 2 erörterten Parallellagen I und II wie bei der Kurbelschwinge Komplementwinkel.

Für die Ordinate η_o folgt, vgl. Abbildung 17, dann einfach $\eta_o = c_1/2$ oder $\varkappa = \pi/4$, d.h. das entsprechende Koppeldreieck ist gleichschenklig und rechtwinklig.

Die Wendekreisdurchmesser führen mit $\nu = \nu_z$ auf

$$\frac{D_I}{d_1} = \frac{\lambda}{1+\lambda} \; \frac{1+\lambda^2}{1-\lambda^2} \;, \quad \frac{D_{II}}{d_1} = \frac{\lambda}{1-\lambda} \; \frac{1+\lambda^2}{1-\lambda^2}$$

oder auf $D_I/D_{II} = (1-\lambda)/(1+\lambda)$, wie in Abbildung 19a (Kurve $k = 1$) hervorgehoben. Auch haben die bei Erörterung der Krümmungshyperbel auftretenden Konstanten p und q einfache Werte:

$$\overline{p} = \frac{\lambda}{2} \cdot \frac{1-\lambda}{1+\lambda} \;, \quad \overline{q} = \frac{\lambda}{2} \cdot \frac{1+\lambda}{1-\lambda} \;.$$

4.13 Die gleichschenklige zentrische Doppelkurbel

Da die Doppelkurbel das der Kurbelschwinge benachbarte Getriebe ist, hat bei der zentrischen gleichschenkligen Doppelkurbel die Antriebskurbel in den Steglagen der Abtriebskurbel die gleiche Richtung, oder, für den Kurbelwinkel des Gliedes a gelten die Werte α und $2\pi - \alpha$. Auch stehen Koppel und Abtriebskurbel senkrecht aufeinander, wenn die Antriebskurbel senkrecht zum Steg steht. Im übrigen folgt dann für den maximalen Hub wie bei der Kurbelschwinge $h_{max} = 2a\sqrt{2}$ oder aber bezogen $h_{max}/a = 2\sqrt{2}$, wie in Abbildung 23 durch die Gerade 'k=1' hervorgehoben. Auch gilt für das Verhältnis der Wendekreisdurchmesser das gleiche wie bei der Kurbelschwinge, wenn für λ der überstrichene Wert $\overline{\lambda}$ gesetzt wird, was auch in gleicher Weise für $\overline{\nu}_z$ gilt.

---

11. Sie hat die Form der nach ROBERTS aus der Doppelschwinge entwickelten Kurbelschwinge.

4.14 Die symmetrische zentrische Doppelkurbel

Bei diesem Getriebe stehen An- und Abtriebskurbel aufeinander senkrecht, wenn die Koppel zum Steg senkrecht steht. Auch sind in den Steglagen der Abtriebskurbel die Lagen der Koppel zueinander parallel. Formal wird der Parameter $\bar{\nu}_{1z} = \bar{\nu}_z$ wie bei der zugeordneten gleichschenkligen Doppelkurbel angegeben.

Für die Konstante η_o folgt wiederum recht einfach $\eta_o = c_1/2$, das Koppeldreieck ist wieder rechtwinklig und gleichschenklig, oder auch $\eta_o/c_1 = 1/2$, wie in Abbildung 31 durch die Gerade 'k=1' eingetragen. Für das Verhältnis der Wendekreisdurchmesser gilt das gleiche wie in Absatz 4.12.

4.2 Die gleichschenklige symmetrische Doppelkurbel

In Abbildung 39 ist eine symmetrische Doppelkurbel in der einen Parallellage dargestellt. Das Getriebe hat noch die Besonderheit, da $a = b = c$ ist, also auch $b = c$ oder $a = c$, gleichschenklig zu sein, der Parameter $\bar{\nu}$ hat also beiläufig den Wert $\bar{\nu} = 1/2$.

Nun liegen diejenigen Koppelpunkte, welche symmetrische Koppelkurven beschreiben wegen des symmetrischen Getriebes auf der Mittelsenkrechten n zur Koppel. Da $b = c$ ist, müssen aber auch symmetrische Koppelkurven von den Punkten des Kreises k_{sB} um B mit dem Radius c beschrieben werden, aber auch wegen $a = c$ von den Punkten des Kreises k_{sA} um A mit dem Radius c. Es gibt also hier drei Scharen von symmetrischen Koppelkurven, wie in Abbildung 40 dargestellt. Sie sind jeweils kongruent, wenn der Winkel $\varkappa$ übereinstimmt.

Die beiden Kreise und die Gerade n schneiden sich in den beiden Punkten X und Y. Die Koppeldreiecke ABX und ABY sind gleichseitig (und die Transformation nach ROBERTS würde zwei kongruente Getriebe liefern [4]). Die von den Punkten X und Y beschriebenen Koppelkurven müssen dann <u>drei</u> Symmetrieachsen haben: Die eine Achse ist die Gerade n der Abbildung 39, vgl. auch Abbildung 41a. Die beiden anderen gehen durch A_o bzw. B_o und bilden jeweils mit dem Steg einen Winkel von $30°$. Denn zeichnet man das Getriebe in der äußeren Steglage der Antriebskurbel, so muß der Winkel ϑ aus Abbildung 22 doch gleich $\pi/2 - \varkappa = \pi/2 - \pi/3 = \pi/6$ sein.

Die Bahnkurve des Punktes Y hat drei Doppelpunkte. Diese fallen mit C_{10}, dem dritten Fokalzentrum, Absatz 3.22, mit A_o und mit B_o zusammen. Hierbei ist Dreieck $A_oB_oC_o$ ähnlich Dreieck ABY. Die zugehörigen Getriebestellungen sind in Abbildung 41b und 41c dargestellt, und es zeigt sich, auch in Übereinstimmung mit Absatz 3.22, Gl. (40), daß die Doppelpunkte in den Kurbelstellungen $\alpha = n\,\pi/3 \pm \varphi$, $n = 2, 3, 4$ erreicht werden, wobei $\cos\varphi = d/2a = \overline{\lambda}/2$ ist.

Im einzelnen gilt, vgl. auch Abbildung 41b bzw. 41c,

Winkelstellung	Doppelpunkt in
$\alpha^* = 120° - \varphi$	A_o
$\alpha^{**} = 180° - \varphi$	B_o
$\alpha' = 240° - \varphi$	C_o
$\overline{\alpha}^* = 120° + \varphi$	A_o
$\overline{\alpha}^{**} = 180° + \varphi$	B_o
$\alpha'' = 240° + \varphi$	C_o

Die Bahn des Punktes X hat keinen Doppelpunkt, aber einen fast kreisförmigen Verlauf, wie der in Abbildung 41a gestrichelt eingetragene Kreis zeigt.

4.3 Die nicht drehfähige Doppelschwinge

Die über die drehfähigen Doppelschwingen gemachten Ausführungen stimmen zwar in gewisser Hinsicht mit denen für die nicht drehfähigen Doppelschwingen überein, bedürfen aber noch gewisser Ergänzungen.

Nach Abbildung 42 ist die symmetrische Doppelschwinge ($a = b$) nicht drehfähig, sofern $d + c > 2a$ und dabei c das kleinste, d das größte Glied ist. Hierbei sind die Koppelkurven, welche auf der Mittelsenkrechten zur Koppel liegen, symmetrisch zu dieser in den Parallellagen. Da aber auch die Koppel AB in eine zum Steg symmetrische Lage kommt, ohne sich herumzudrehen, beschreiben auch die auf der Koppelmittellinie selbst gelegenen Punkte symmetrische Koppelkurven, deren Symmetrieachse der Steg ist. Infolgedessen beschreibt der Koppelmittelpunkt $M = K_3$ eine zweifach symmetrische Koppelkurve.

Würde man das Getriebe nach ROBERTS umformen, so wäre bei dem neuen Getriebe $b = c$, und das Getriebe befände sich in der Steglage, vgl. unten.

Zu den gleichen Aussagen kommt man auch, wenn man die kinematische Umkehrung des Getriebes aus Abbildung 42 betrachten würde.

Im Getriebe nach Abbildung 43 ist a = b, aber a das kleinste und d das größte Glied; das Getriebe ist auch nicht drehfähig, und es gelten die gleichen Aussagen wie für das Getriebe nach Abbildung 42. Ein bekanntes Getriebe dieser Form stellt der WATTsche Lenker dar, Abbildung 44, in welchem außer der doppeltsymmetrischen, bekannten Koppelkurve des Punktes K_3 noch die Koppelkurven des Punktes K_1 auf der Mittelsenkrechten zur Koppel und des Punktes K_2, der auf dieser selbst liegt, angegeben sind.

Die Umformung des Getriebes nach Abbildung 42 z.B. führt, wie erwähnt, auf ein Getriebe, bei dem die Koppellänge c gleich der Schwingenlänge b ist. Wir erhalten, allgemein gesehen, ohne Bezug im einzelnen zu Abbildung 42, ein Getriebe nach Abbildung 45. Es ist d größer als a, und nach GRASHOF ist das Getriebe nicht drehfähig, wenn d + c > a + b, also d > a ist. Der geometrische Ort der Punkte, welche symmetrische Koppelkurven liefern, ist wie bei der entsprechenden Kurbelschwinge, vgl. Absatz 1.1, der Kreis um B mit b = c als Radius, wie in Abbildung 45 für die beiden Steglagen eingezeichnet ist. Die Koppelkurve des Punktes K_1 ist symmetrisch zur Geraden $K_1' B_0 K_1''$.

Auch Punkte, welche auf der Koppel selbst gelegen sind, Koppelpunkt K_2, beschreiben symmetrische Koppelkurven, aber symmetrisch zum Steg, so daß der Punkt K_3 eine doppeltsymmetrische Koppelkurve beschreibt.

Wird schließlich a = b = c gewählt, aber bleibt d das größte Glied, so wird wieder eine nicht drehfähige Doppelschwinge erhalten, Abbildung 46, und es kommt als dritter Ort für symmetrische Koppelkurven nicht nur die Mittelsenkrechte zur Koppel hinzu, sondern auch der Kreis um A mit a = c (ähnlich wie bei der gleichschenkligen, symmetrischen Doppelkurbel, Abs. 4.2). So beschreibt der Punkt K_1 eine dreifach symmetrische Koppelkurve, die Punkte K_2 und K_3 liefern wie in Abbildung 45 doppeltsymmetrische Koppelkurven.

4.4 Zwillingskurbelgetriebe

Als Grenzfälle für durchschlagende Getriebe muß noch kurz auf die Antiparallelkurbeltriebe hingewiesen werden, auf welche ja an anderer Stelle ausführlicher eingegangen wurde [19]. Hier beschreiben die auf der Koppel und die auf der Mittelsenkrechten zu dieser gelegenen Punkte symmetrische Koppelkurven. Die Umformung nach ROBERTS führt dann zu gleichschenkligen Getrieben, bei denen ähnliche Verhältnisse wie bei der oben geschilderten gleichschenkligen, nicht drehfähigen Doppelschwinge vorliegen.

5. Flächeninhalt

Kurz soll in unserem Zusammenhang noch auf den Flächeninhalt eingegangen sein, wobei auf die an anderer Stelle gefundenen Ergebnisse zurückgegriffen [5, 7, 8, 9] und die Ausführungen im wesentlichen auf Kurbelschwinge und Doppelkurbel beschränkt werden.

5.1 Kurbelschwinge

Bedeuten u und v die Koordinaten des Koppelpunktes K in der Koppelebene, vgl. Abbildung 1, so ergibt sich für den Flächeninhalt der vom Punkt K beschriebenen Koppelkurve der Wert

$$F = - a^2 \pi \left(1 - \frac{u}{c} + J \frac{v}{a}\right), \qquad (43)^{12)}$$

worin J ein im allgemeinen nicht geschlossen lösbares Integral darstellt:

$$J = \frac{1}{\pi} \int_0^2 \emptyset \cdot (1 + \lambda \cos\alpha) \, d\alpha \qquad (44)$$

mit $\emptyset = \sqrt{\frac{1}{r^2} - v^2}$ und $r = \overline{AB_0}/d = \sqrt{1 + \lambda^2 + 2\lambda \cos\alpha}$. Einen Überblick über die möglichen Werte gibt Tafel 47[13)], wobei gewisse Sonderfälle auf geschlossen lösbare Integrale führen.

Wie an anderer Stelle gezeigt [5], sind die Ortskurven für jeweils konstanten Flächeninhalt gerade Linien: Setzt man $F = - \xi a^2 \pi = $ const., so ist die Gerade, auf welcher ξ bzw. F konstant ist, durch $v = m u - (1 - \xi) mc$ mit $m = \frac{a}{Jb} = tgK_0$ als deren Steigung gegeben. Die Gerade mit dem Flächeninhalt 'Null' geht durch den Punkt B hindurch. Der Schnitt dieser Nullgeraden mit dem Kreis k_s in Abbildung 48 liefert die Punkte Z_1 und Z_2, deren Koppelkurven (Abb. 48) den Inhalt Null haben.

Verfolgt man den Inhalt der symmetrischen Koppelkurven auf dem Kreis k_s und führt den Zentriwinkel $K = 2\pi - \sphericalangle XBA = 2\varkappa$ ein, so wird $u = c(1 + \cos K)$, $v = c \sin K$, und für den Flächeninhalt folgt dann nach einigen Umformungen ganz einfach

---

12. Dies ist der Flächeninhalt, den man erhält, wenn man die beschriebene Kurve mit einem Planimeterstift umfährt. Das Minus-Zeichen ergibt sich daraus, daß der Kurbelkreis nicht rechts, sondern im Sinne der wachsenden α links herum befahren wird.
13. Ein Digitalrechner lieferte die Werte mit den Grenzen $\lambda = 1$, $\nu = 0$ (zentrische Kurbelschleife mit elliptischen Integralen [5]) und $\nu(1 + \lambda) = 1$ (Verzweigungslage).

$$F = - F_{max} \sin(K - K_o) \qquad (45)$$

mit

$$F_{max} = a^2 \pi / \sin K_o,$$

worauf übrigens an anderer Stelle [5] schon hingewiesen wurde. Der Flächeninhalt hat wie der Hub sinusförmigen Verlauf, und trägt man von B aus auf den durch den Winkel K gekennzeichneten Polstrahlen die Werte F auf, so erhält man als Ortskurve einen Kreis, welcher für $K = \pi$ die Fläche $- a^2 \pi$ des Kurbelkreises und für $K = 0$ die gleiche Fläche nur mit anderem Vorzeichen liefert. Auf dem Strahl K_o bzw. $K_o + \sigma$ ist $F = 0$ und hat auf dem dazu senkrechten Strahl seine Extremalwerte, Abbildung 49.

5.2 Gleichschenklige Doppelkurbel

Da sich hier die Koppel einmal herumdreht, wenn auch die Kurbel sich einmal herumgedreht hat, kommt gegenüber der Kurbelschwinge noch das Glied $- (u^2 + v^2)\pi$ hinzu:

$$F = - a^2 \pi \left(1 - \frac{u}{c} + \frac{u^2+v^2}{a^2} + \frac{v}{a} J\right), \qquad (46)$$

worin hier J aus

$$J = \frac{1}{\pi} \int_0^{2\pi} \bar{\phi} \ (1 + \lambda \cos\alpha) \, d\alpha \qquad (47)$$

mit $\bar{\phi} = \bar{\phi}(\lambda, \nu)$, vgl. Gl. (44) gewonnen wird. Auch hier geben Sonderfälle geschlossen lösbare Ausdrücke, vgl. Abbildung 47, wie z.B. für $\nu = 0$, den Fall der umlaufenden zentrischen Kurbelschleife.

Gegenüber der Kurbelschwinge sind die Ortskurven der Punkte gleichen Flächeninhaltes keine Geraden, sondern Kreise, und es gibt keine Koppelkurven mit dem Inhalt Null [5]. Doch ergibt sich für den Verlauf des Flächeninhaltes für die auf dem Kreis k_s gelegenen Koppelpunkte, d.h. für die symmetrischen Koppelkurven, wieder eine periodische Funktion. Denn drückt man, wie in Absatz 5.1, die Koordinaten des Koppelpunktes durch den Zentriwinkel K aus, so folgt

$$F = - 2 c^2 \pi + S \pi \cos(K - \varepsilon) \qquad (48)$$

mit

$$tg \, \varepsilon = \frac{ac}{2c^2 - a^2} \quad \text{und} \quad S = \sqrt{(acJ)^2 + (2c^2 - a^2)^2} .$$

Trägt man jetzt vom Punkt B aus auf den Polstrahlen vom Winkel K die Flächeninhalte F auf, so ergibt sich als Ortskurve hier kein Kreis mehr, sondern eine Pascal'sche Kurve, Abbildung 50. Für den Sonderfall $a = b = c$ (Abs. 4.2) wird $\varepsilon = \pi/4$ und $S = a^2 \sqrt{1+J^2}$.

5.3 Symmetrische Getriebe

Da die symmetrische Doppelschwinge (Doppelkurbel) durch die Transformation nach ROBERTS auf gleichschenklige Getriebe führt, seien die Formeln für die symmetrischen Getriebe nicht angegeben (vgl. auch [5]). In beiden Fällen sind die Ortskurven für konstanten Flächeninhalt Kreise und dieser hat auf der Symmetrieachse n einen parabolischen Verlauf. Im ersten Fall gibt es Flächen mit dem Inhalt Null (auf der Symmetrieachse zwei Punkte), im zweiten Fall aber nicht.

Prof. Dr.-Ing. Walter Meyer zur Capellen

Dipl.-Ing. Karl Albert Rischen

Literaturverzeichnis

[1] MEYER zur CAPELLEN, W.   Der Zykloidenlenker und seine Weiterentwicklung.
Konstruktion Bd. 8 (1956) S. 510-518

[2] ders.   Konstruktion von fünf- und sechspunktigen Geradführungen in Sonderlagen des Gelenkvierecks.
Konstruktion Bd. 9 (1957) S. 344-351

[3] ders.   Fünf- und sechspunktige Geradführung in Sonderlagen des ebenen Gelenkvierecks.
Forschungsbericht des Wirtschafts- und Verkehrsministeriums Nordrhein-Westfalen Nr. 481 (1958)

[4] ders.   Bemerkungen zum Satz von ROBERTS über die dreifache Erzeugung der Koppelkurve.
Konstruktion Bd. 8 (1956) S. 268-270

[5] ders.   Der Flächeninhalt von Koppelkurven, ein Beitrag zu ihrem Formenwandel.
Forschungsbericht des Wirtschafts- und Verkehrsministeriums Nordrhein-Westfalens Nr. 506 (1958)

[6] ARTOBOLEWSKI, I.I., N.J. LEWITSKI und S.A. TSCHERKUDINOW   Synthese ebener Mechanismen.
Staatlicher Verlag für physikalisch-naturwissenschaftliche Literatur.
Moskau 1959 (S. 1065, Abb. 862)

[7] MEYER zur CAPELLEN, W.   Harmonische Analyse bei Kurbeltrieben.
I. Allgemeine Zusammenhänge.
Forschungsbericht des Landes Nordrhein-Westfalen Nr. 676 (1959)

[8] ders. und E. LENK   Harmonische Analyse bei Kurbeltrieben II. Gleichschenklige Getriebe.
Forschungsbericht des Landes Nordrhein-Westfalen Nr. 803 (1960)

[9] MEYER zur CAPELLEN, W.   Harmonische Analyse an Kurbeltrieben.
Konstruktion Bd. 12 (1960) S. 38-41

[10] RAUH, K.   Praktische Getriebelehre, Bd. I.
Springer-Verlag Berlin/Göttingen/
Heidelberg 1951

[11] ders.   Die Kurbelkurve des symmetrischen Doppelkurbelgetriebes mit dem Hub Null.
Zeitschrift für Instrumentenkunde (1943)
H. 4, S. 140

[12] MEYER zur CAPELLEN, W.   Die Abbildung durch die Euler-Savary'sche Formel.
ZAMM Bd. 17 (1937) S. 288-295

[13] ders.   Nomogramme zur Euler-Savary'schen Formel.
Getriebetechnik Bd. 9 (1941) S. 489-492

[14] VOLMER, J.   Die Konstruktion einfacher Räderkurbelgetriebe.
Maschinenbautechnik 4 (1955) S. 581-588

[15] ders.   Zur Totlagenkonstruktion der zentrischen Kurbelschwinge.
Maschinenbautechnik 3 (1954) S. 228-229

[16] MEYER zur CAPELLEN, W.   Die gleichschenklige zentrische Kurbelschwinge.
Technisches Zentralblatt, Bd. 54 (1960)
S. 305-310

[17] ders.   Umlaufrastgetriebe.
Industrieanzeiger Bd. 82 (1960)
S. 1247-1251
Industrieanzeiger Bd. 83 (1961)
S. 103-108

[18] ders.   Bewegungsverhältnisse an gleichschenkligen Kurbeltrieben.
(erscheint demnächst)

[19] MEYER zur CAPELLEN, W.   Über die Koppelkurven des Zwillings-
kurbeltriebes.
Z.angew.Math.Physik Bd. 2 (1951)
S. 189-207

A n h a n g

Abbildungen

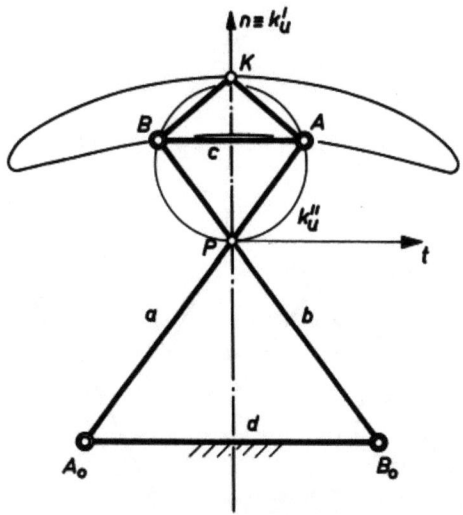

Abbildung 1

Symmetrische Doppelschwinge in der Überkreuzlage

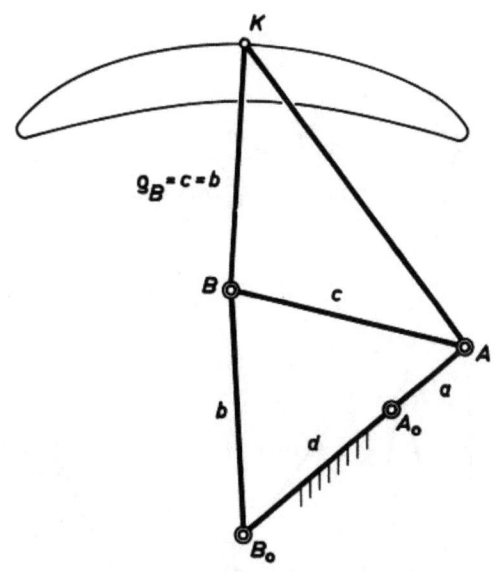

Abbildung 2

Ersatzgetriebe nach ROBERTS für die Doppelschwinge in Abbildung 1:
gleichschenklige Kurbelschwinge

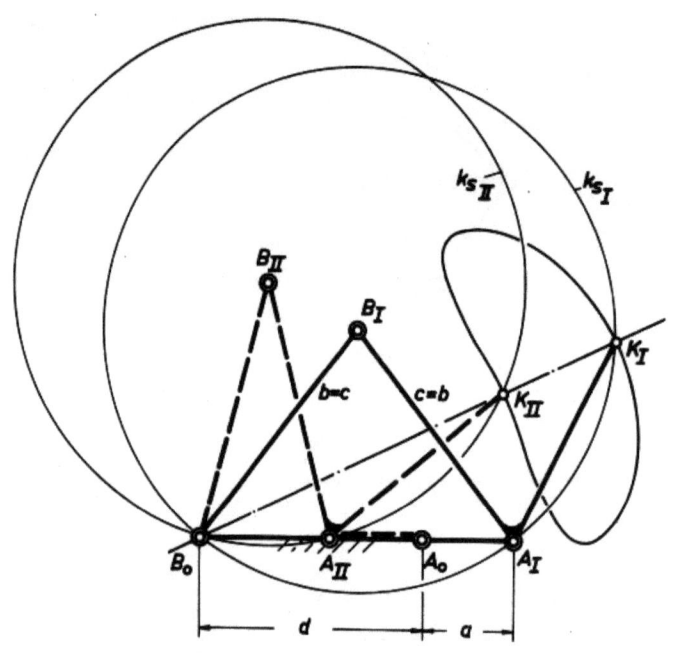

Abbildung 3

Gleichschenklige Kurbelschwinge in den beiden Steglagen

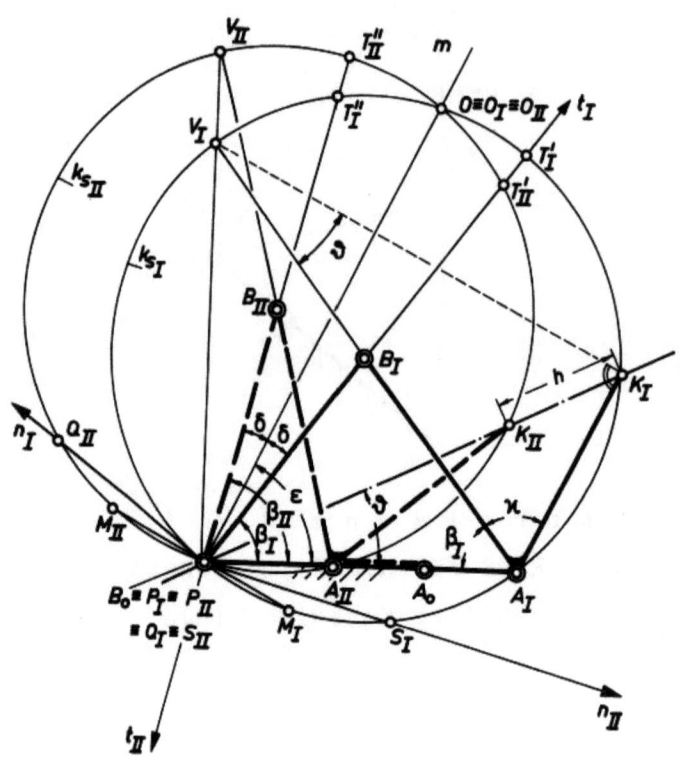

Abbildung 4

Hub h der Koppelkurve der Kurbelschwinge nach Abbildung 3

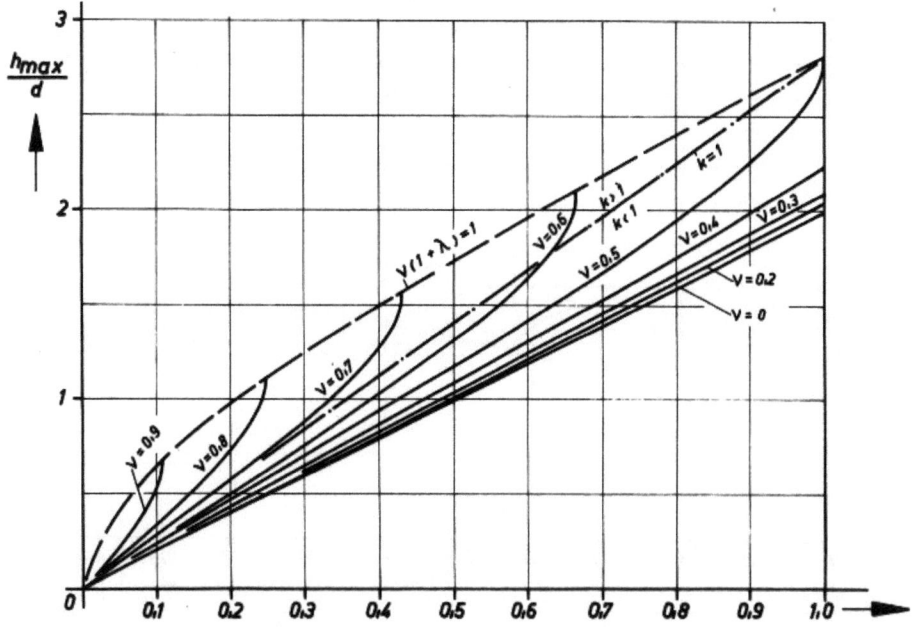

a) Maximaler Hub h_{max} in Abhängigkeit von λ und ν

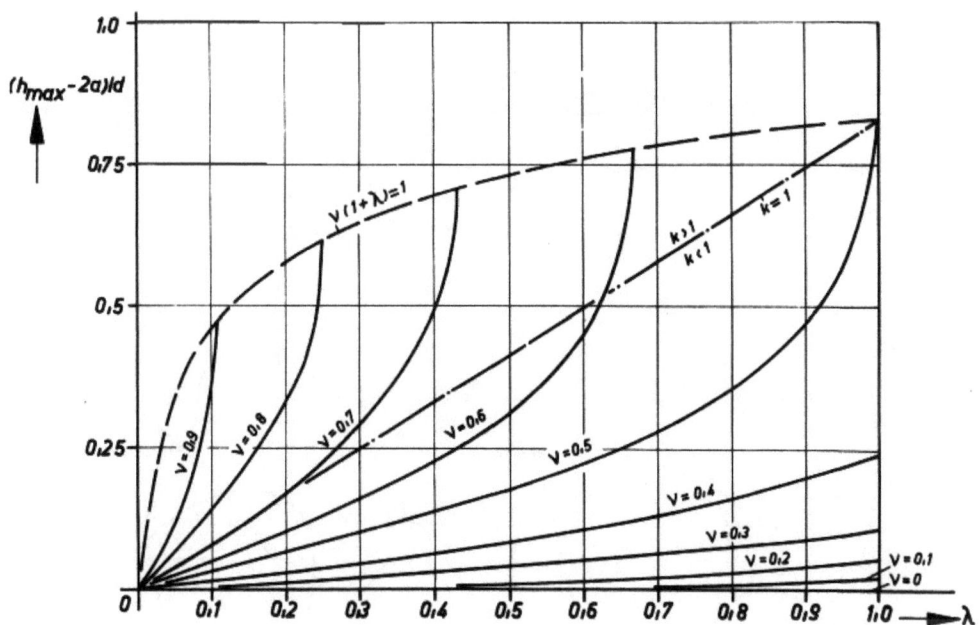

b) Bezogene Abweichung $(h_{max}-2a)/d$ in Abhängigkeit von λ und ν

A b b i l d u n g 5

Gleichschenklige Kurbelschwinge

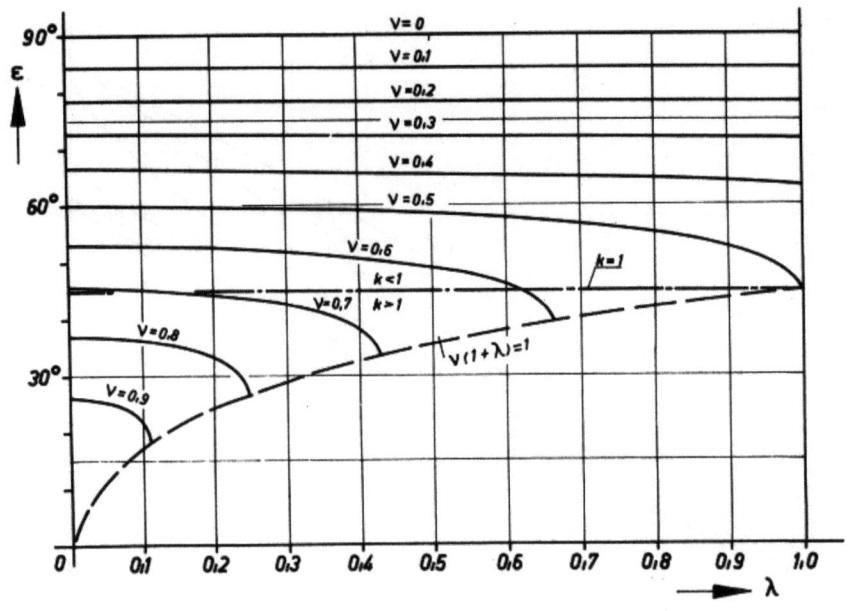

Abbildung 6

Phasenwinkel ε in Abhängigkeit von λ und ν für die gleichschenklige Kurbelschwinge

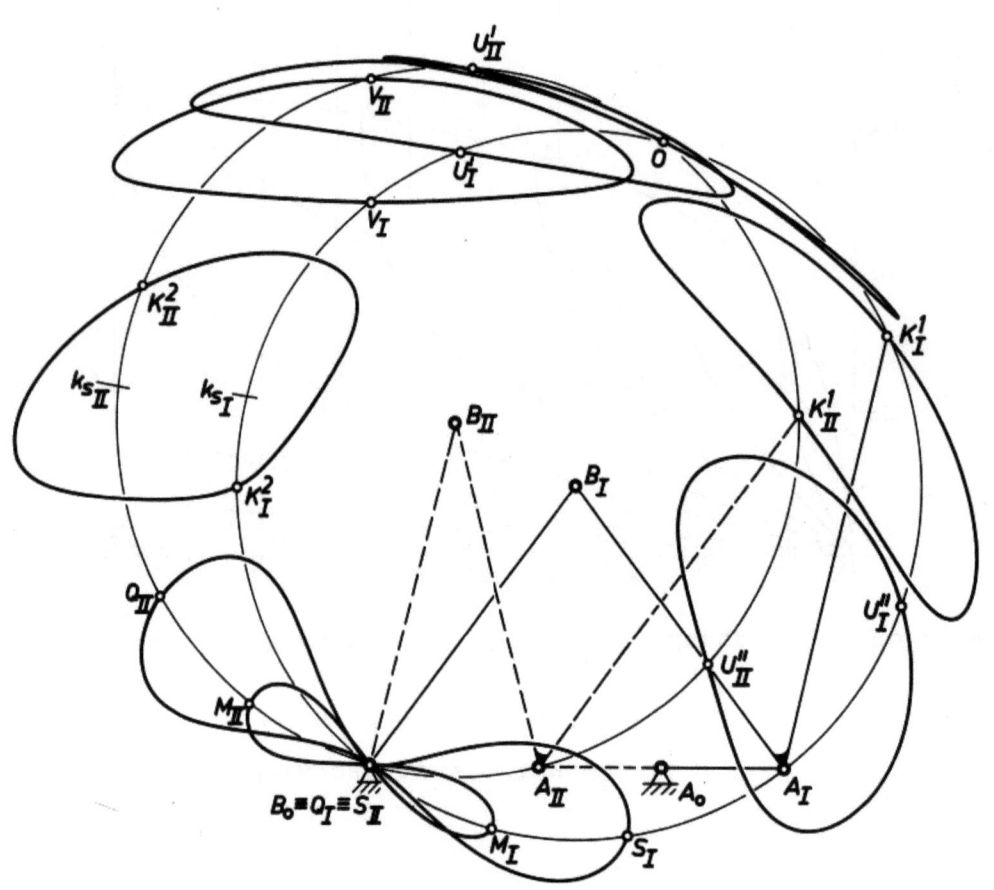

Abbildung 7

Symmetrische Koppelkurven der gleichschenkligen Kurbelschwinge

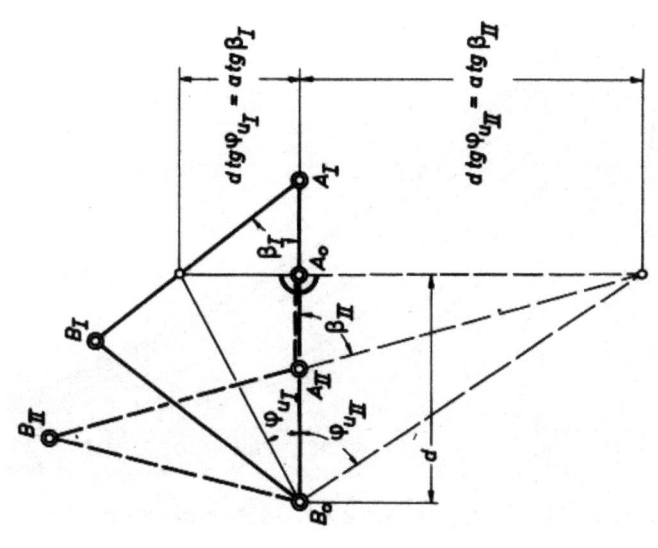

Abbildung 9

Konstruktion der Winkel φ_{UI} und φ_{UII}

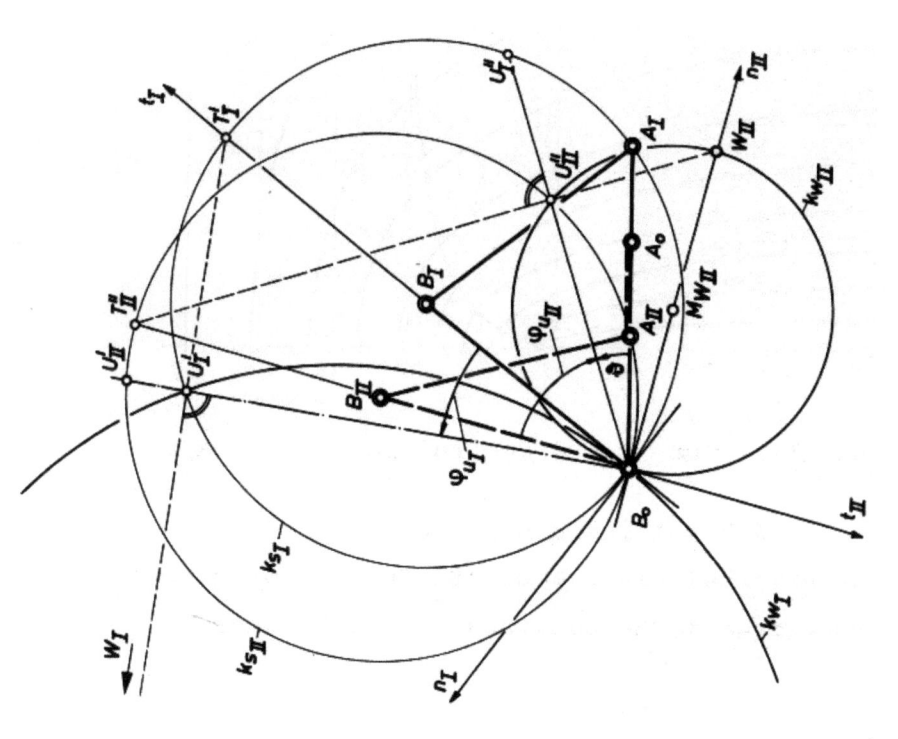

Abbildung 8

Wendekreise und BALLsche Punkte U_I' und U_{II}' für die Steglagen der gleichschenkligen Kurbelschwinge

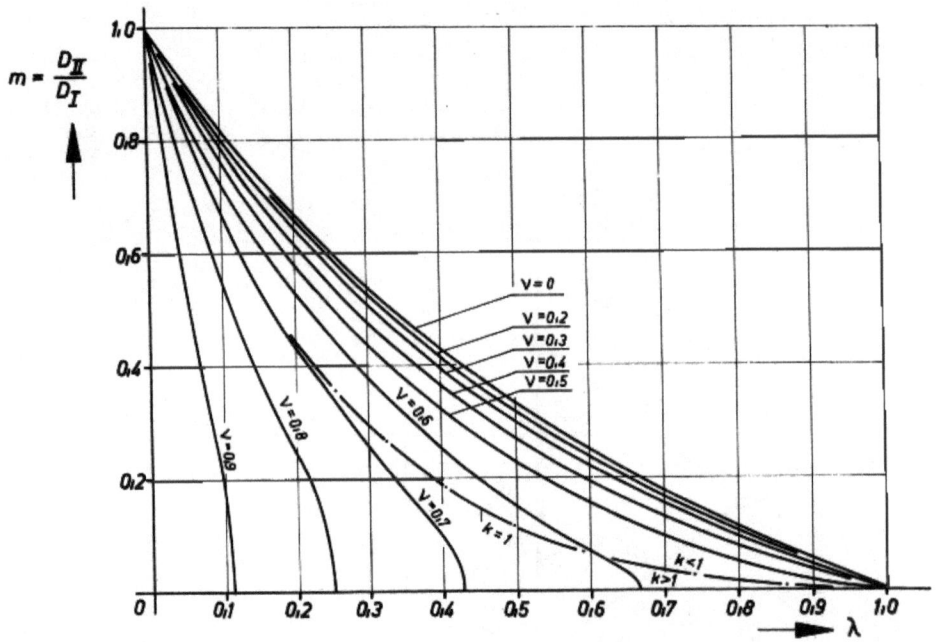

a) in Abhängigkeit von $\lambda = a/d$, (Parameter $\nu = d/2c$)

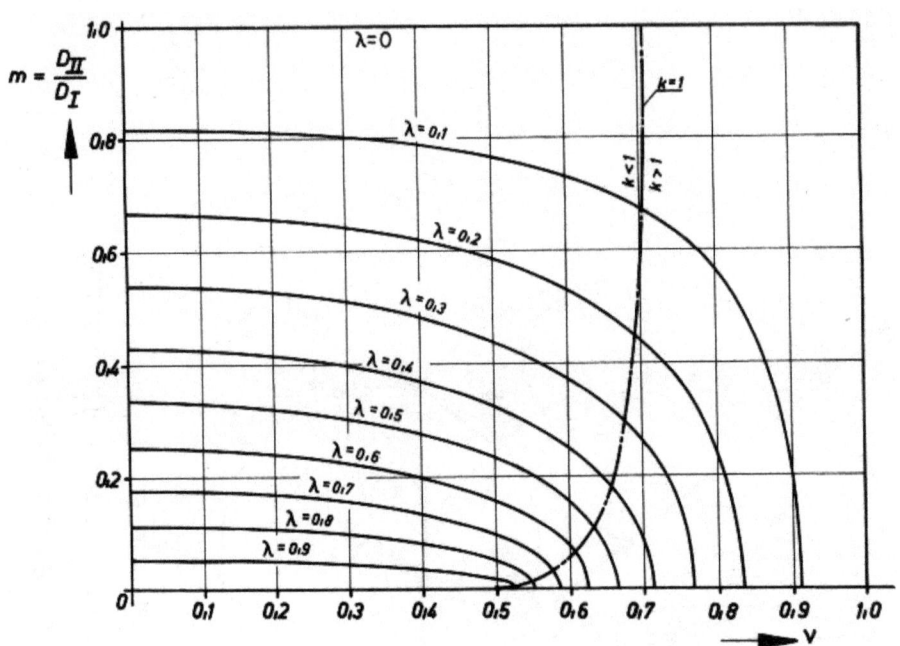

b) in Abhängigkeit von $\nu = d/2c$ (Parameter $\lambda = a/d$)

Abbildung 10

Wendekreisdurchmesserverhältnis $m = D_{II}/D_I$ für die Steglagen der gleichschenkligen Kurbelschwinge nach Abbildung 8

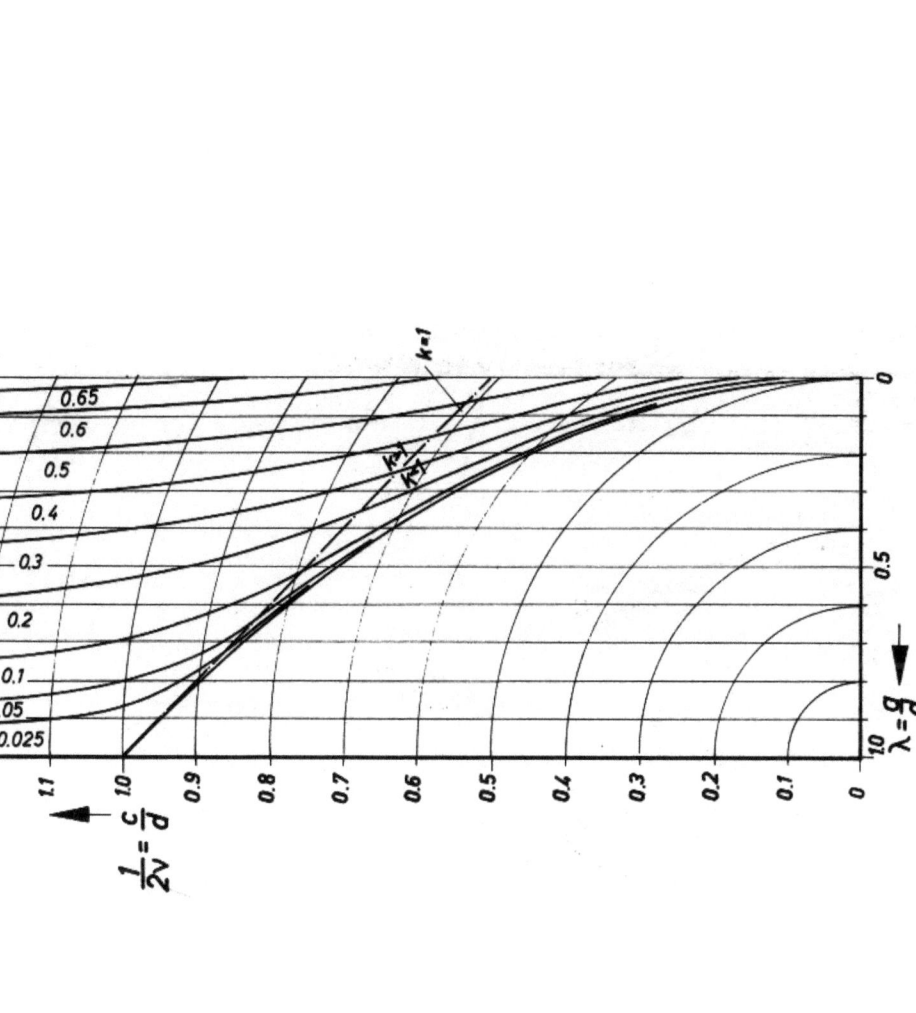

c) Kurventafel für das Getriebe in der inneren Steglage   d) Kurventafel mit eingetragener gleichschenkliger Kurbelschwinge in der inneren Steglage für
$m = D_{II}/D_I = f(\lambda, 1/2\nu)$

$m = 0,2;\quad \lambda = 0,5;\quad 1/2\nu = 0,95$

Abbildung 10

Wendekreisdurchmesserverhältnis $m = D_{II}/D_I$ für die Steglagen der gleichschenkligen Kurbelschwinge nach Abbildung 9

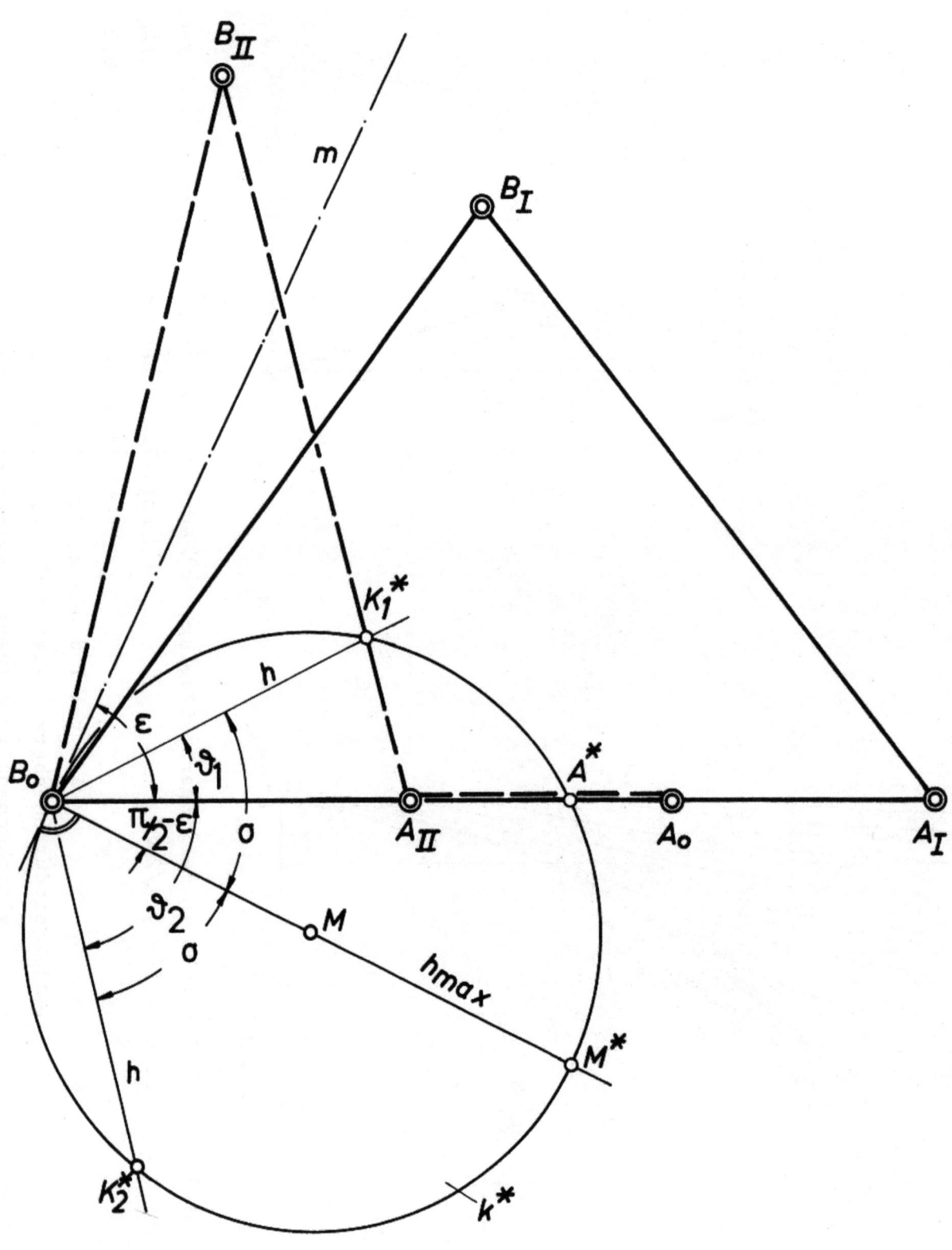

Abbildung 11
Ortskurve k* zur Bestimmung des Hubes h, vgl. Abbildung 4

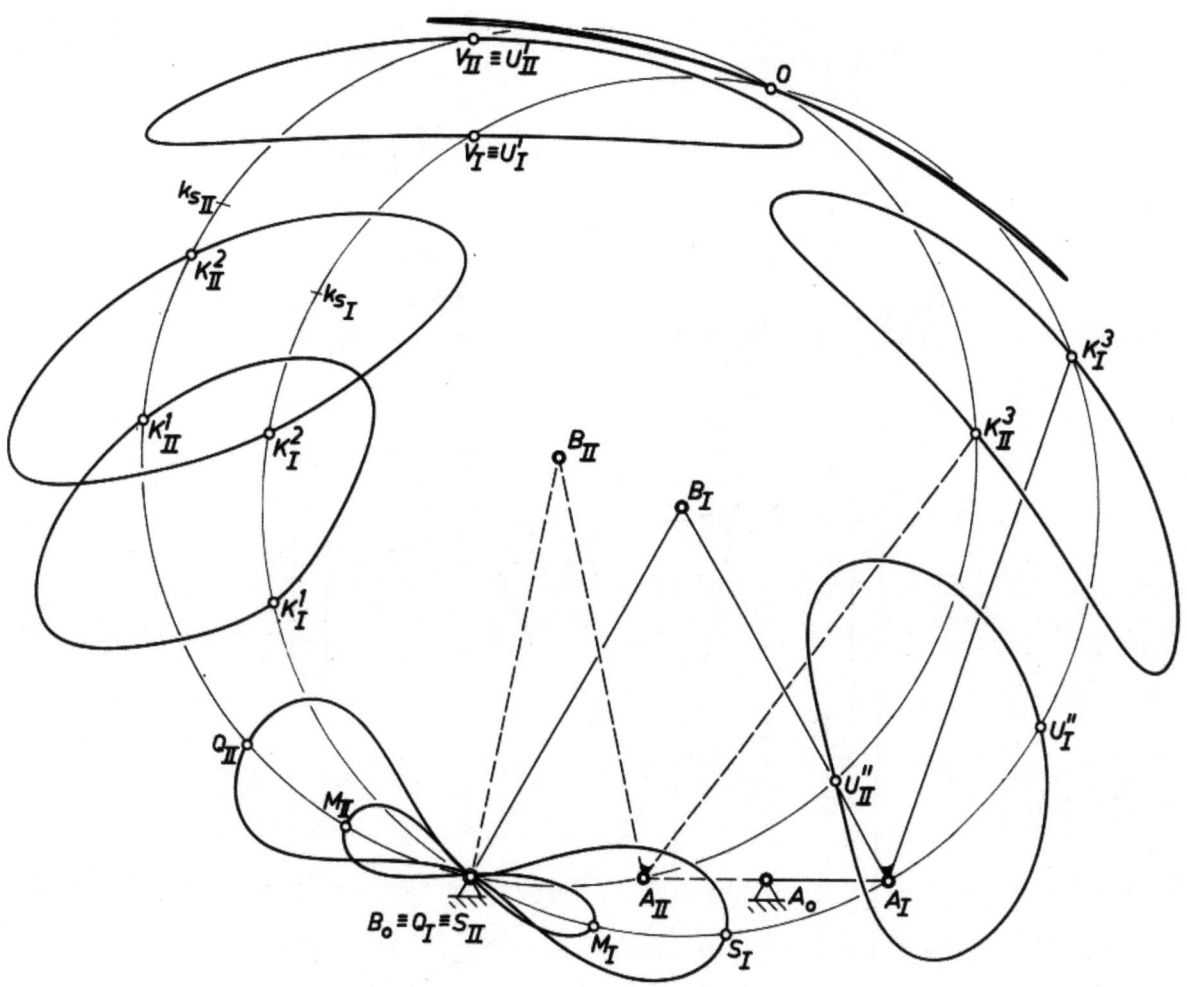

Abbildung 12

Gleichschenklige Kurbelschwinge: Sonderfall der sechspunktigen Geradführung und weitere Koppelpunkte

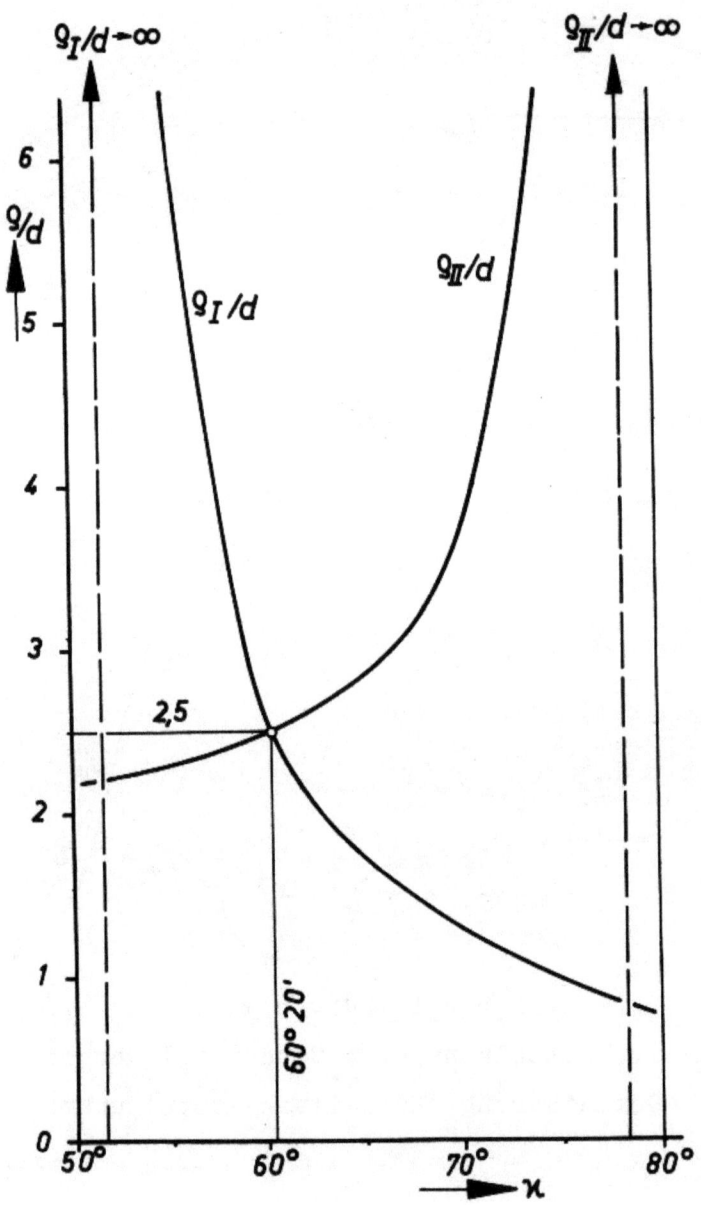

Abbildung 13

Krümmungsradien ϱ_I und ϱ_{II} in Abhängigkeit von $\varkappa$, vgl. Abbildung 4

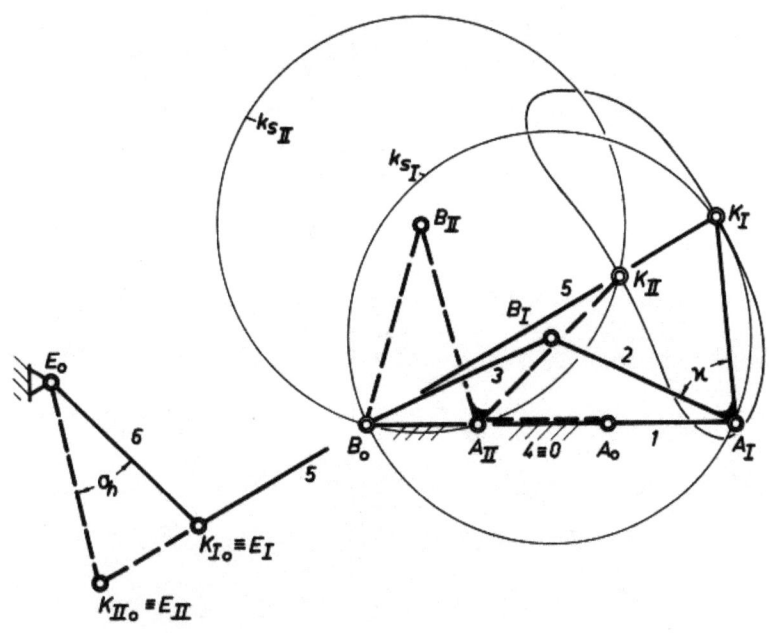

a) Getriebe in beiden Steglagen

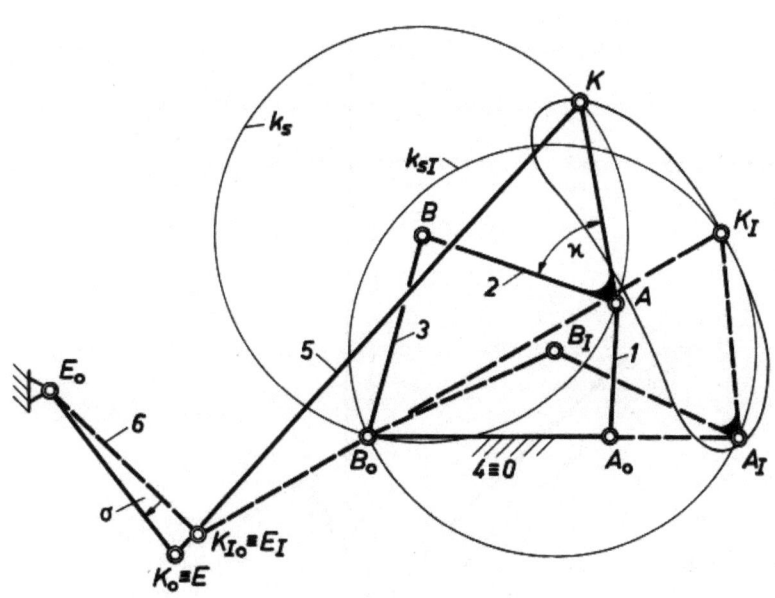

b) Getriebe in einer allgemeinen Lage

A b b i l d u n g 14

Gleichschenklige Kurbelschwinge, welche in den Steglagen
eine Koppelkurve mit gleichem Krümmungsradius beschreibt,
vgl. hierzu Abbildung 13

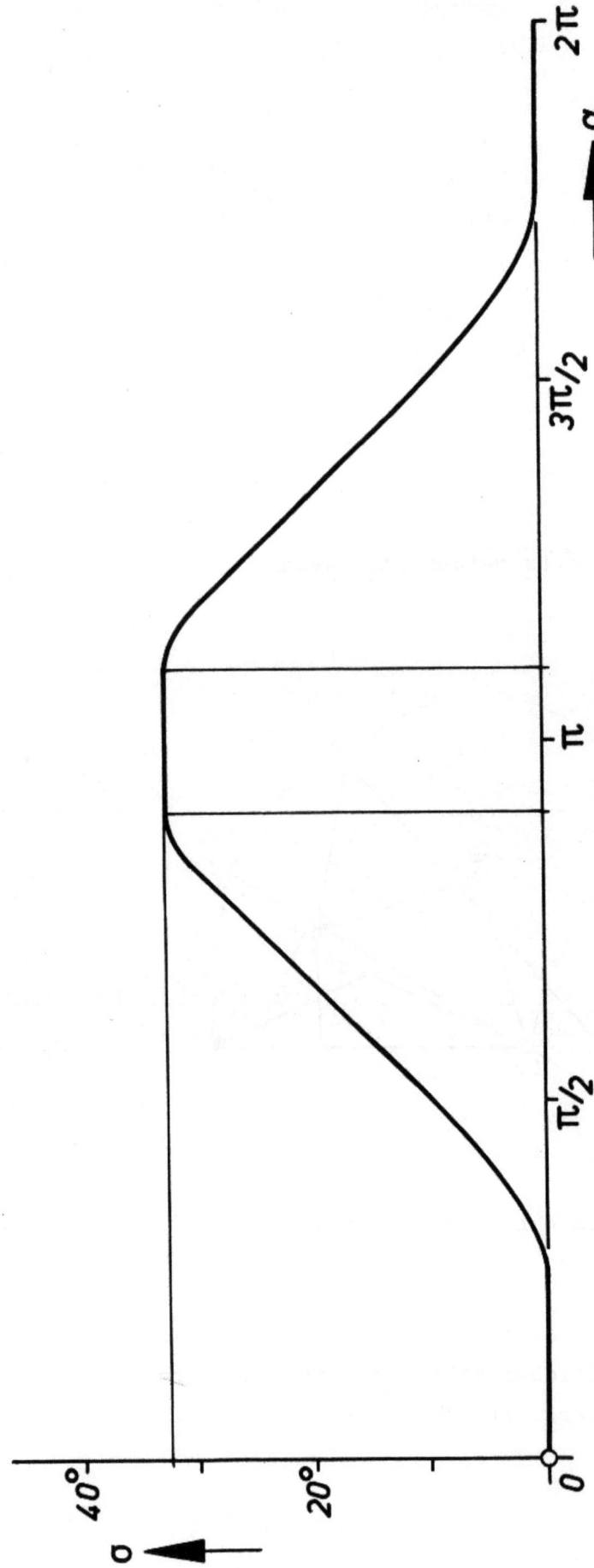

Abbildung 15

Abtriebswinkel $\sigma = \sigma(\alpha)$ des Gliedes E_0E des Rastgetriebes nach Abbildung 14

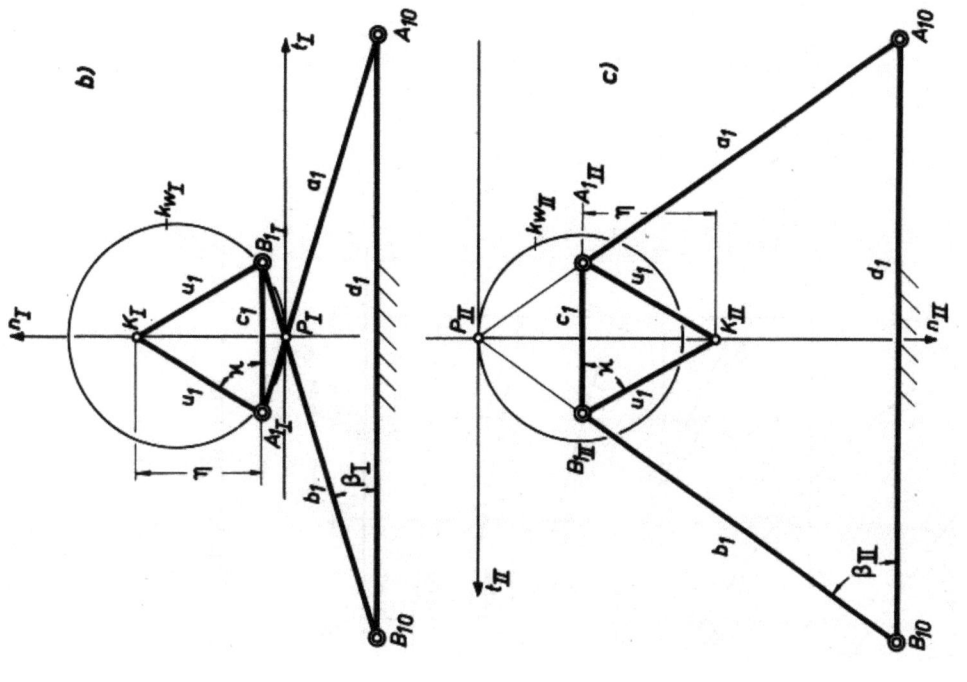

Abbildung 16
Symmetrische Doppelschwinge

a) als Ersatzgetriebe der gleichschenkligen Kurbelschwinge
b) in der Überkreuz- und
c) in der Vierecklage

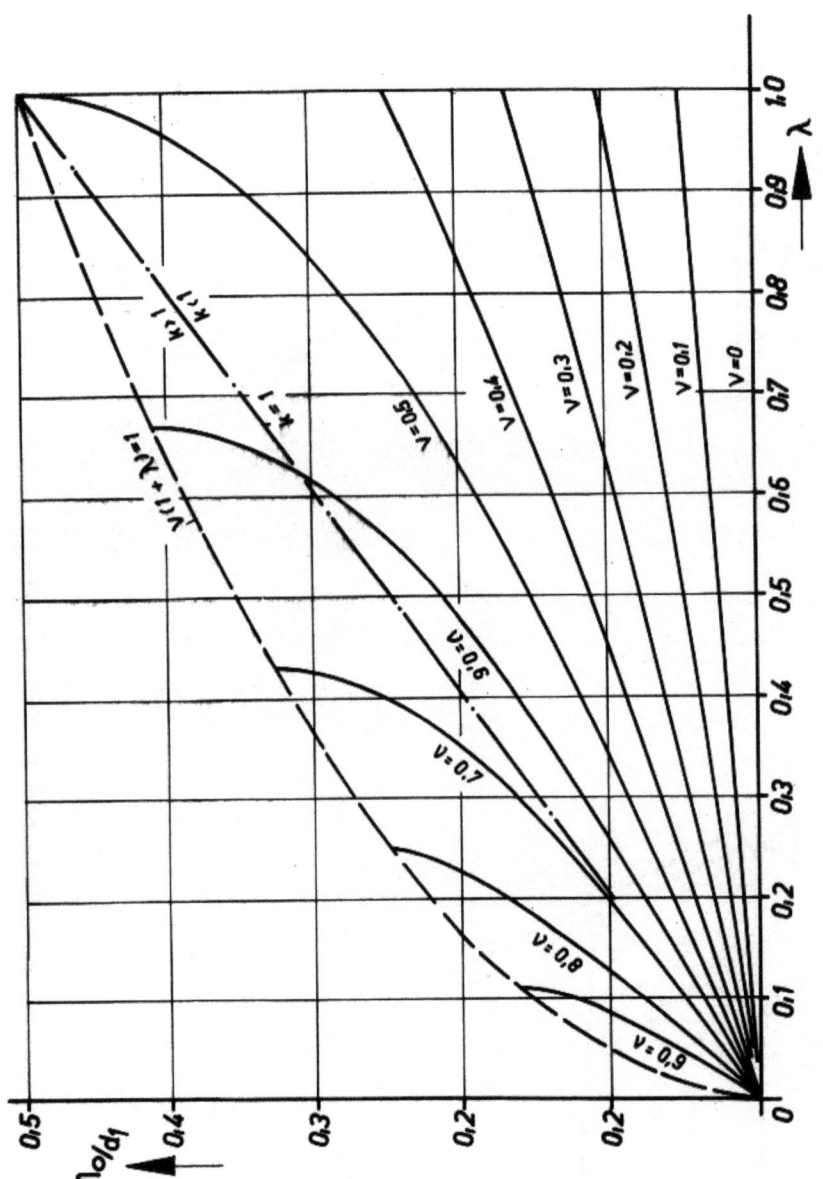

Abbildung 17

Ordinate η_0 für den Hub des Koppelpunktes K als Funktion von λ und ν

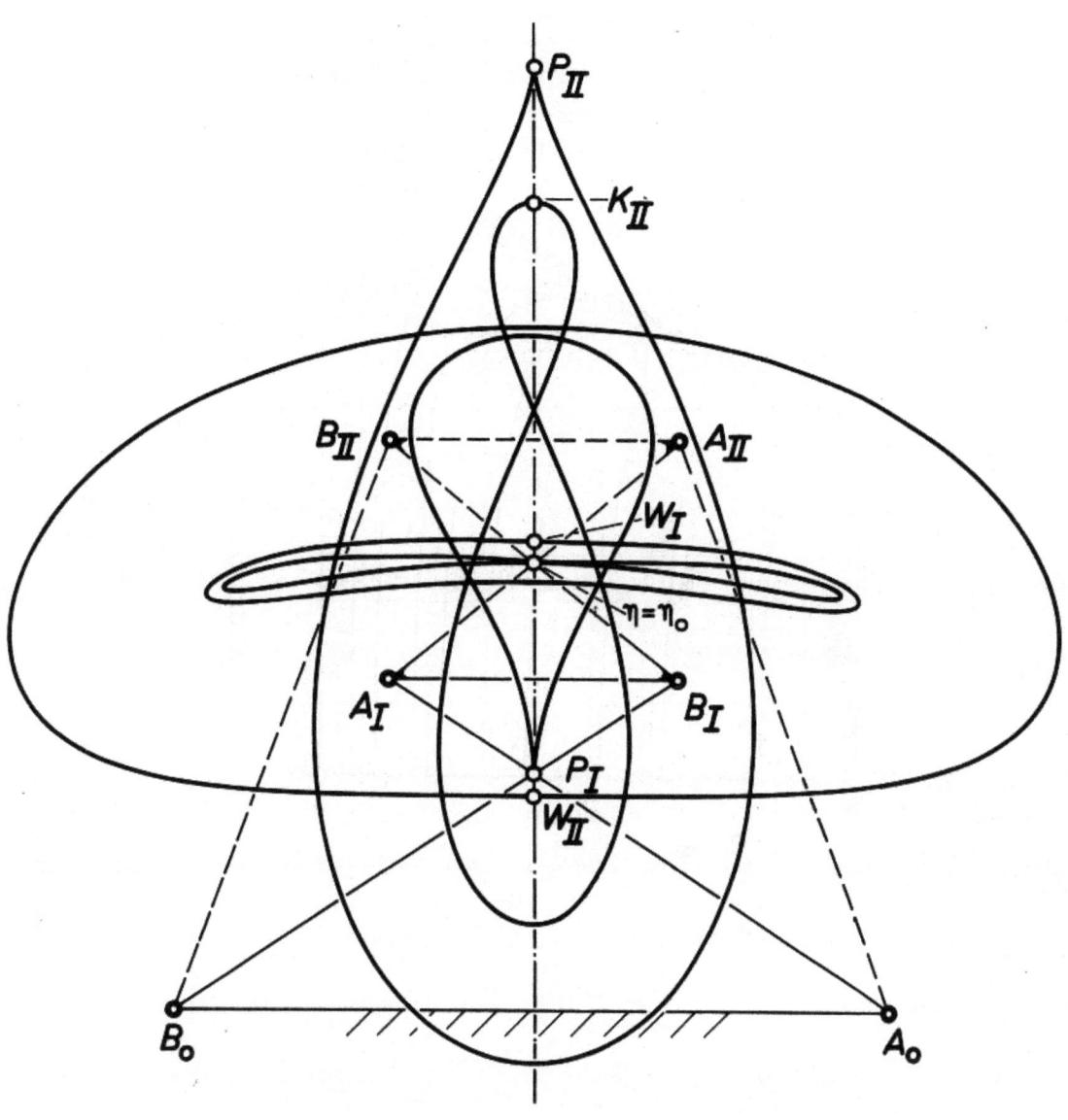

Abbildung 18

Symmetrische Koppelkurven der Doppelschwinge nach Abbildung 16

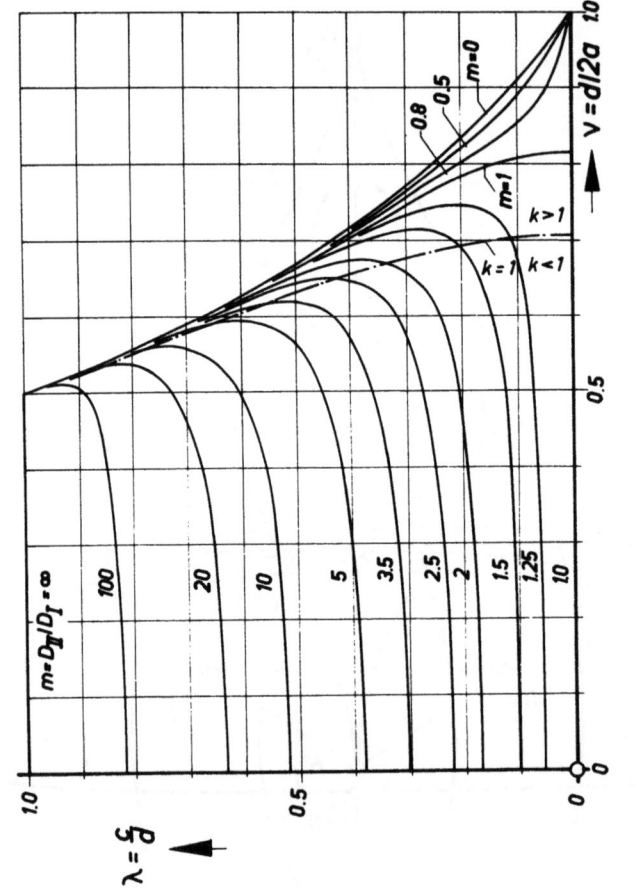

b) in Abhängigkeit von $\nu = d/2a$ und $\lambda = c/d$

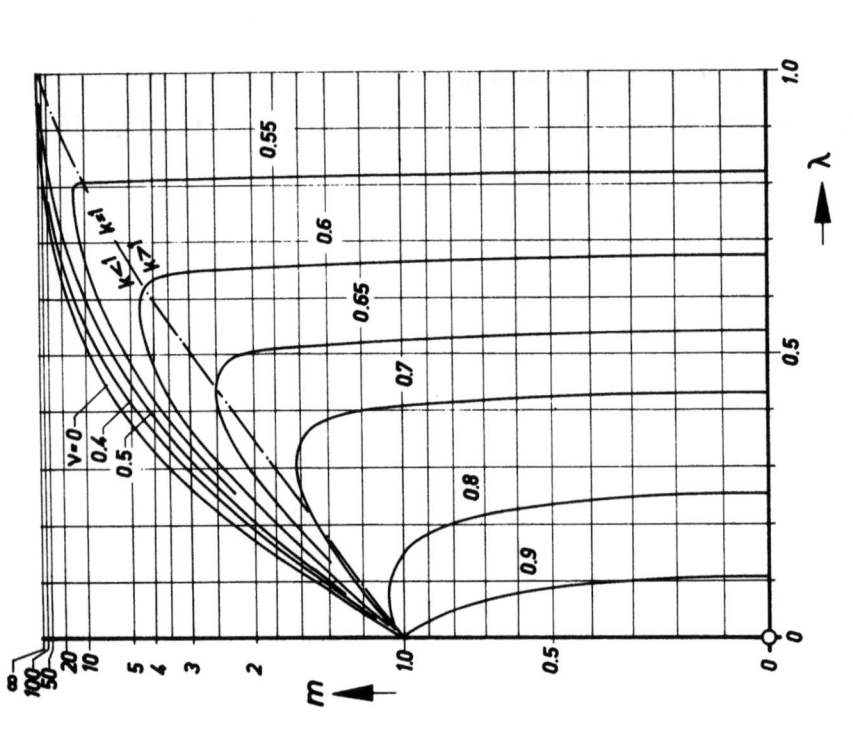

a) in Abhängigkeit von $\lambda = c/d$, Parameter $\nu = d/2a$

Abbildung 19

Wendekreisdurchmesserverhältnis $m = D_{II}/D_I$ für die Parallellage der symmetrischen Doppelschwinge nach Abbildung 16

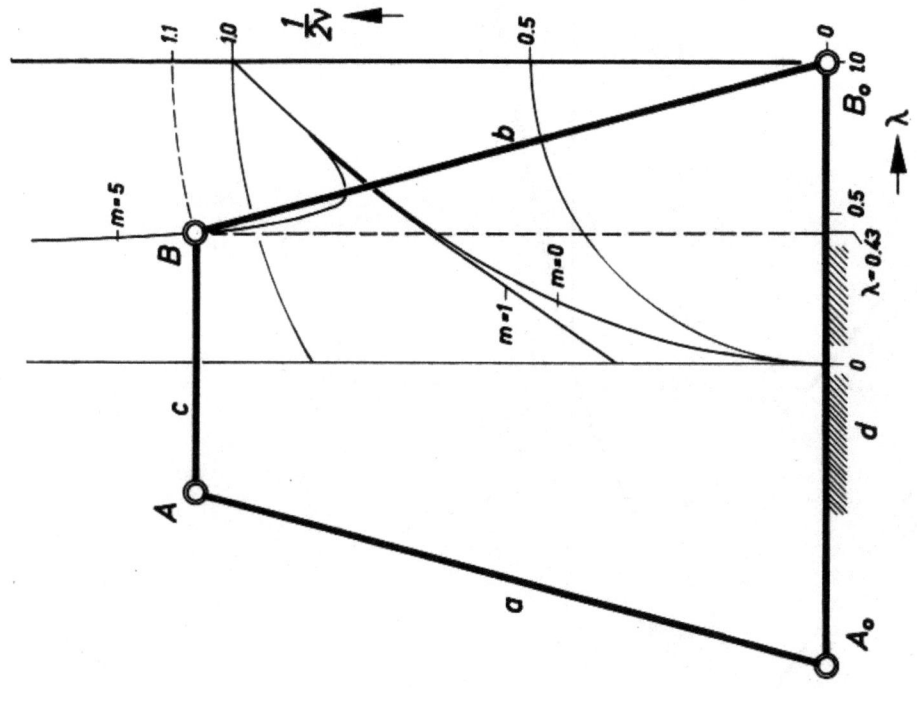

d) Kurventafel mit eingetragener symmetrischer Doppelschwinge in der Vierecklage für

m = 5; = 0,43; 1/2 = 1,1

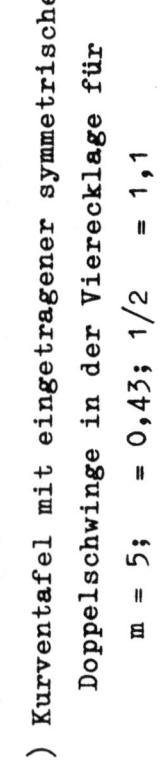

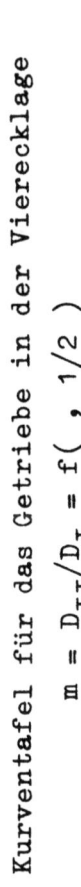

c) Kurventafel für das Getriebe in der Vierecklage

$m = D_{II}/D_{I} = f(\ , \ 1/2 \ )$

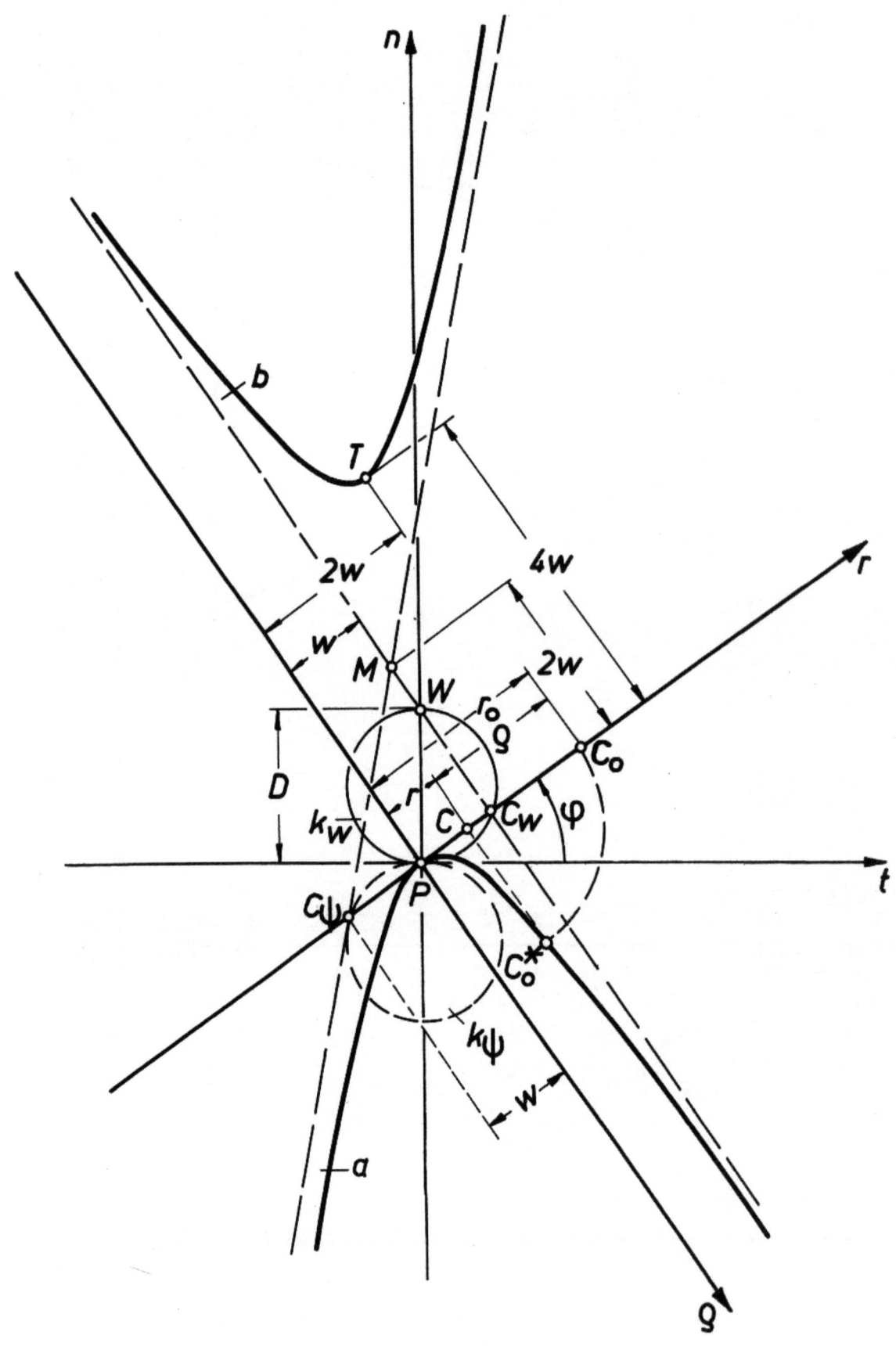

Abbildung 20

Euler-Savary'sche Gleichung und Krümmungshyperbeln

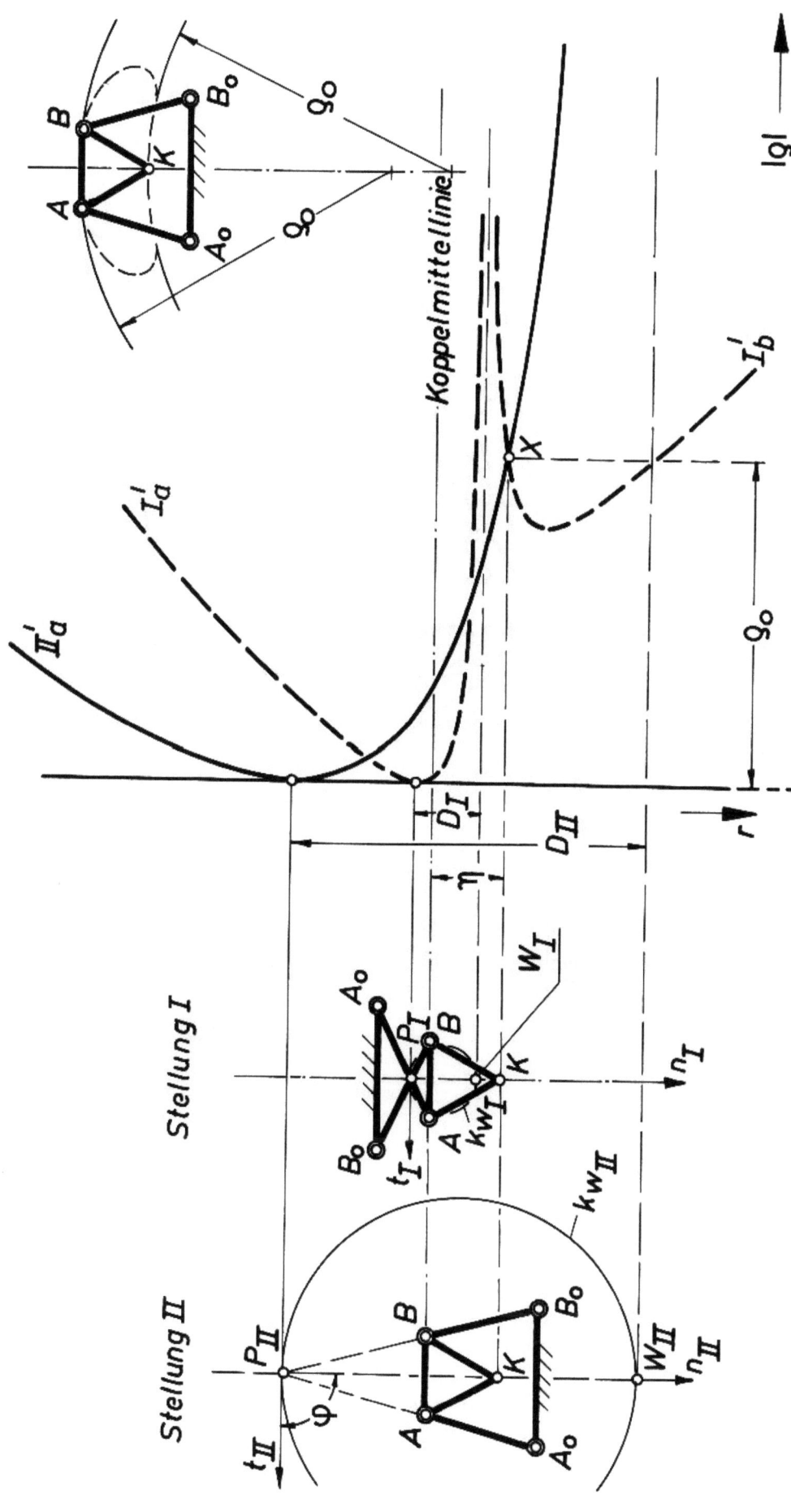

Abbildung 21

Bestimmung des Koppelpunktes für gleiche Krümmungsradien

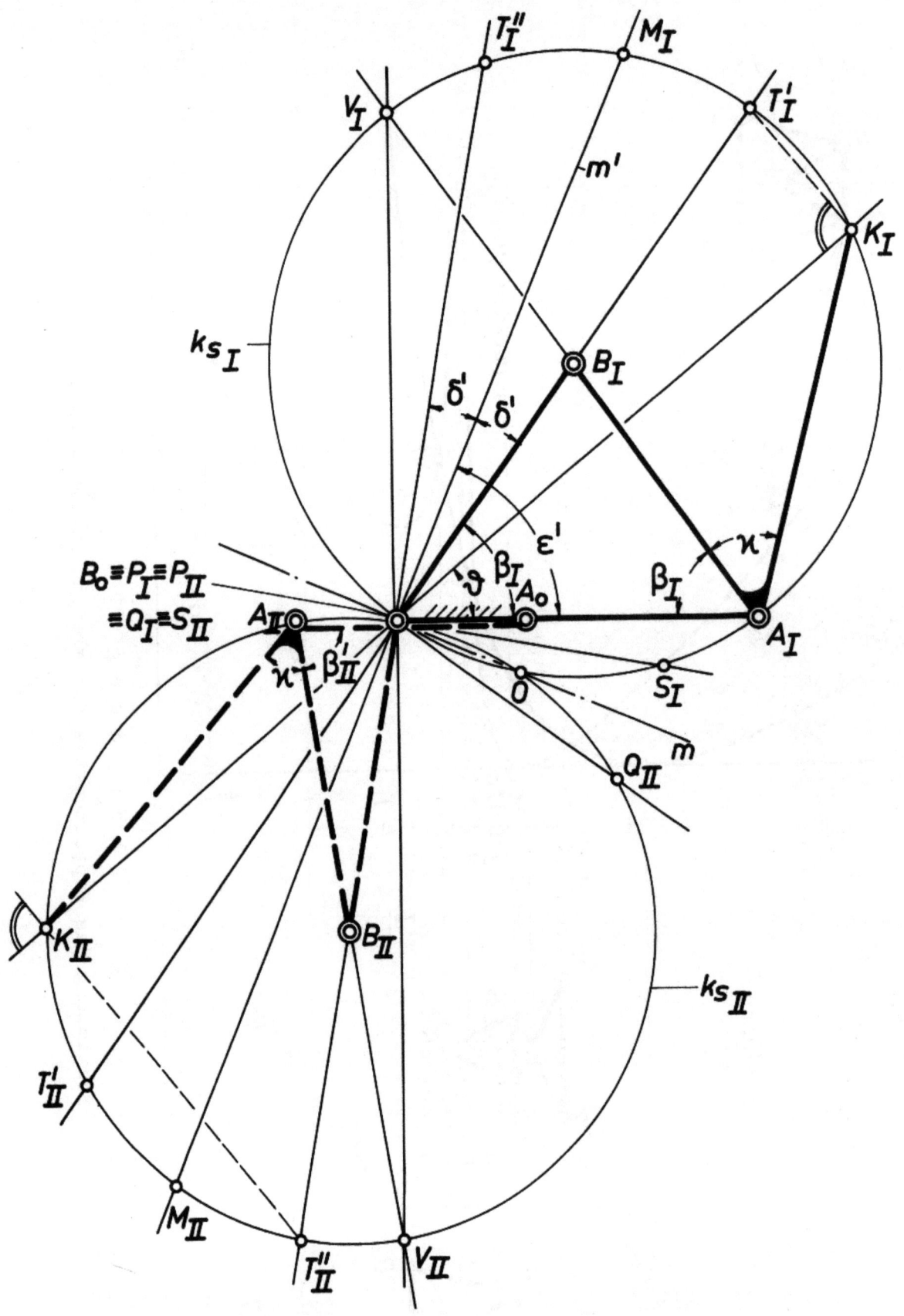

Abbildung 22
Steglagen der gleichschenkligen Doppelkurbel

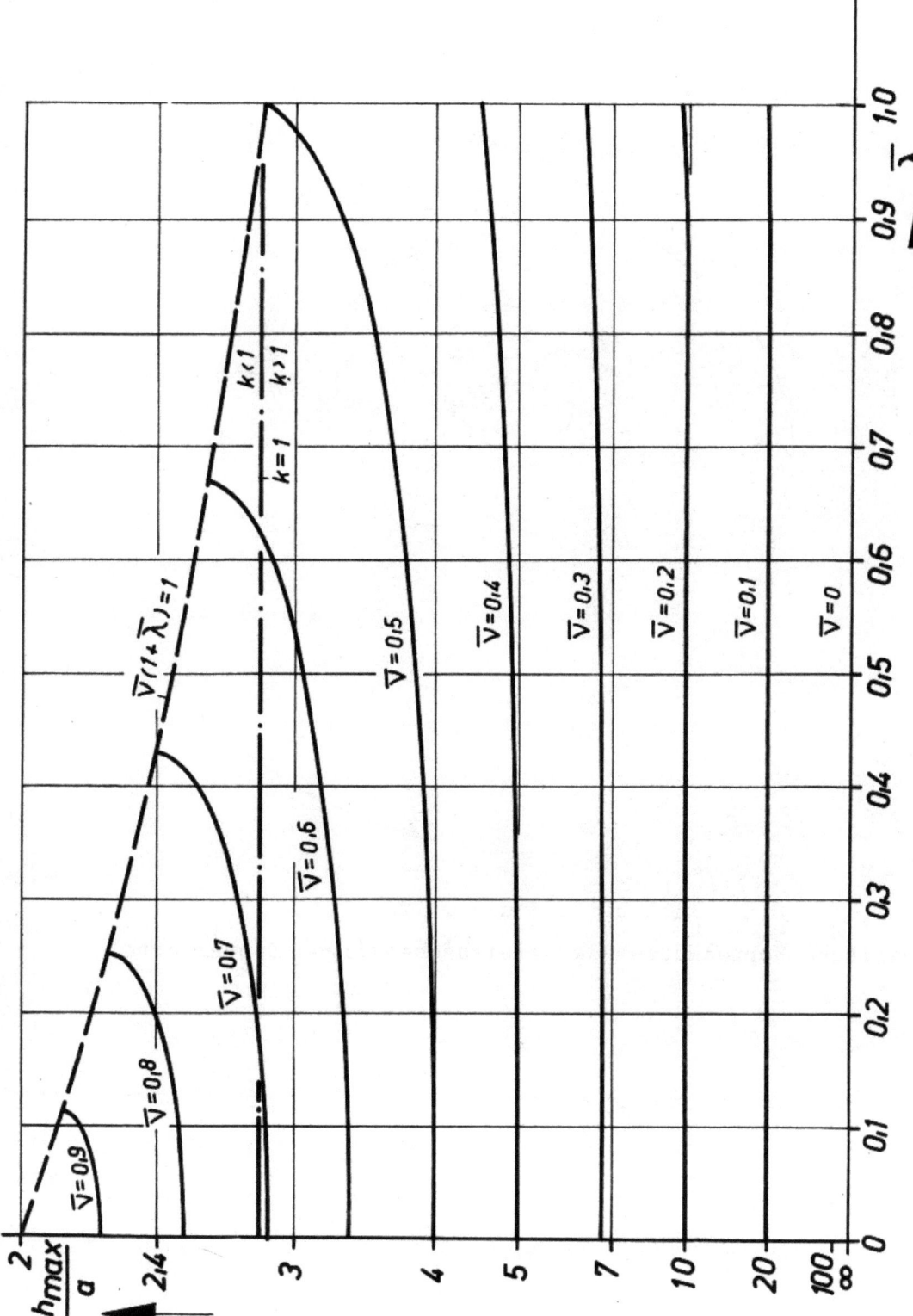

Abbildung 23

Maximaler Hub h_{max}/a der Koppelkurve der gleichschenkligen Doppelkurbel in Abhängigkeit von $\bar{\lambda}$ und $\bar{\nu}$

Seite 67

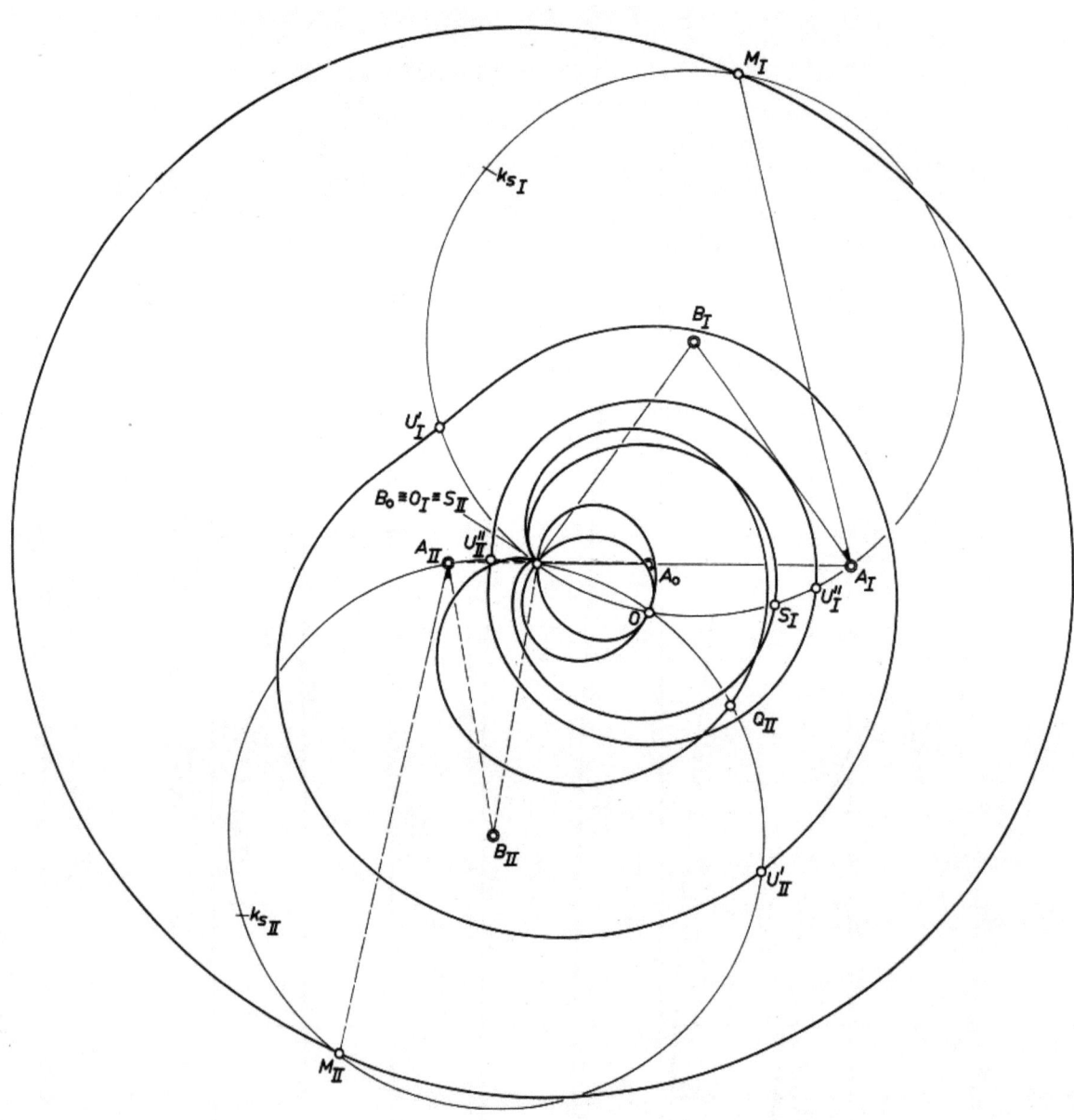

Abbildung 24

Symmetrische Koppelkurven der gleichschenkligen Doppelkurbel

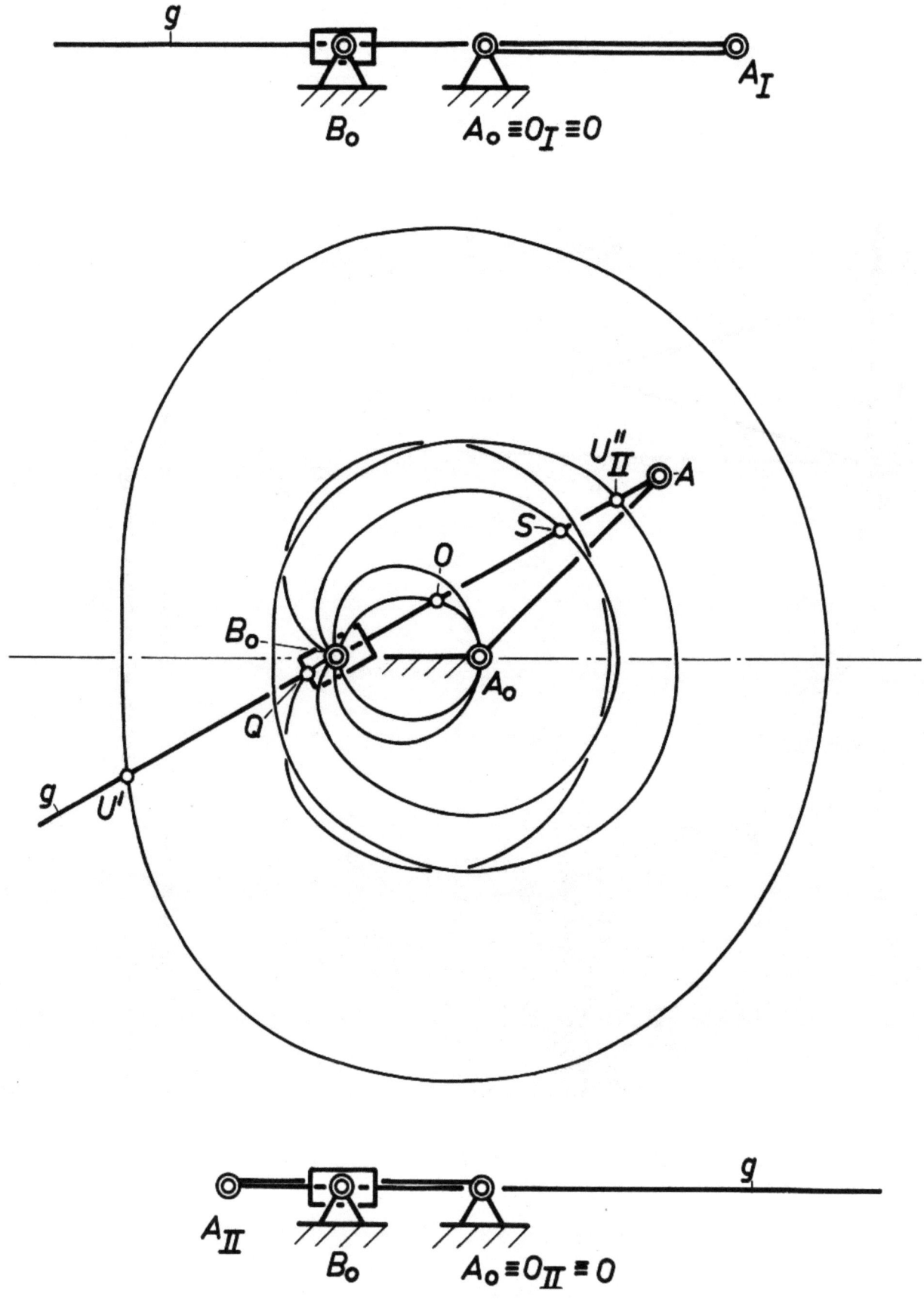

Abbildung 25

Symmetrische Koppelkurven der umlaufenden zentrischen Kurbelschleife

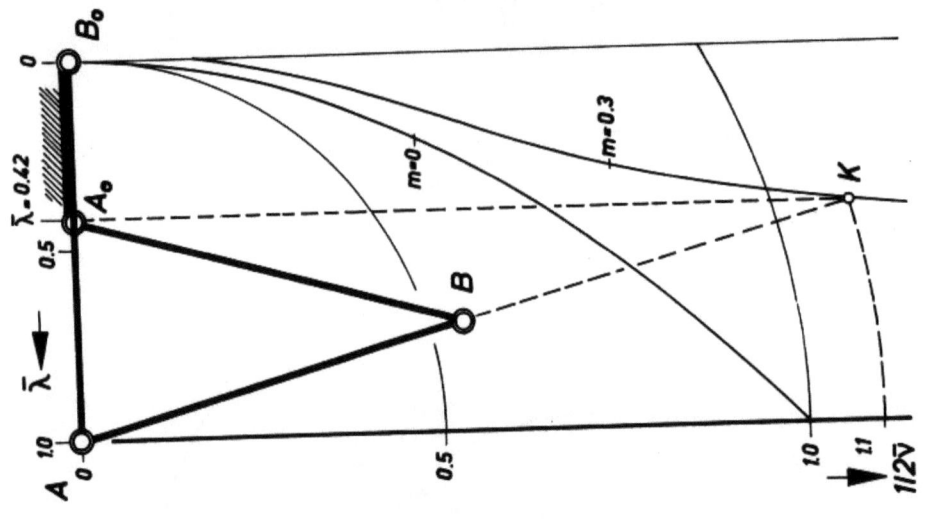

Abbildung 26

Steglagen der gleichschenkligen Doppelkurbel:

a) Wendekreise und BALLsche Punkte b) Beispiel zur Anwendung der Kurventafel (Abb. 10c) auf die Doppelkurbel: $m = 0,3$; $\lambda = 0,42$; $1/2\bar{\nu} = 1,1$

Seite 70

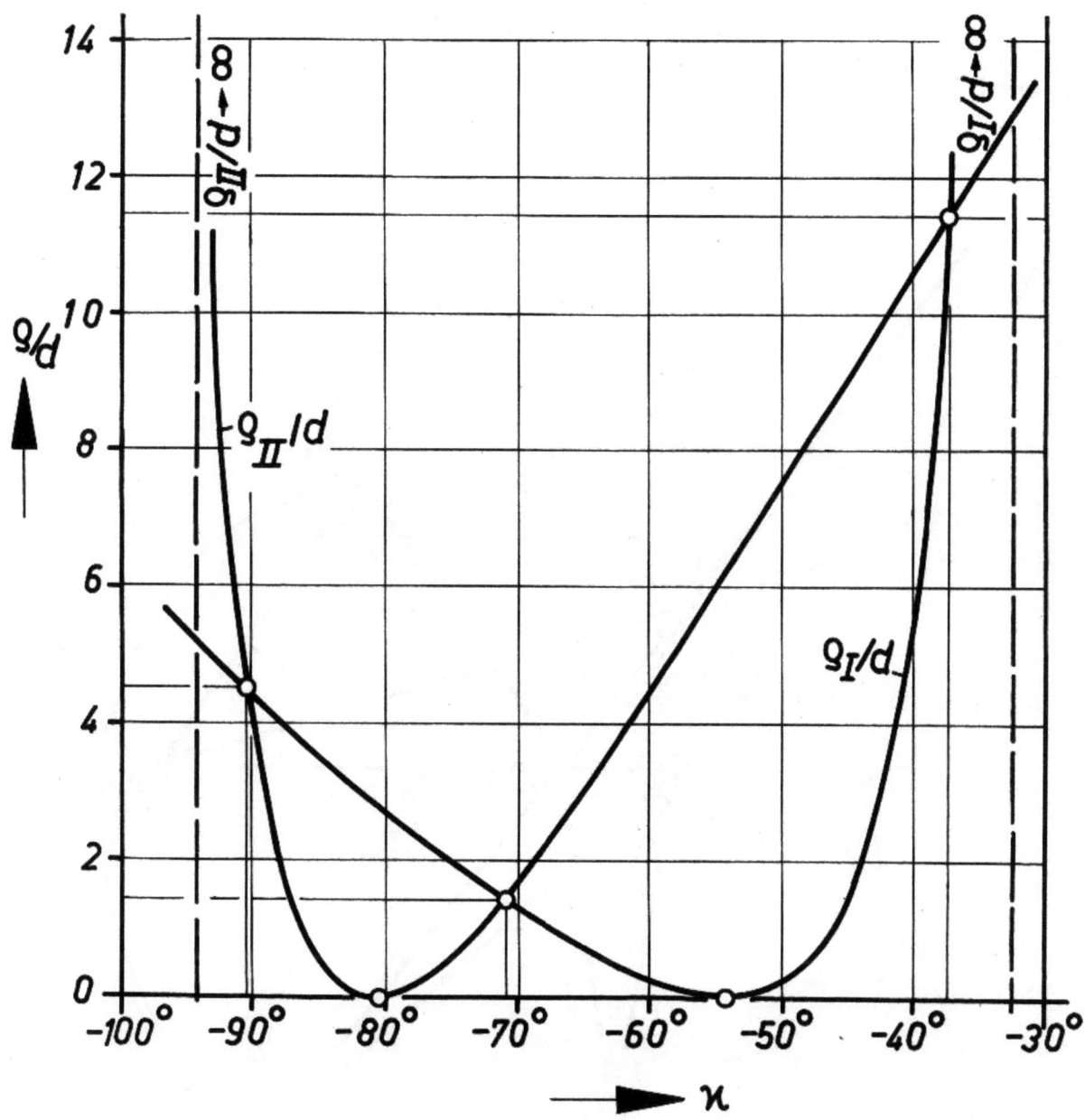

Abbildung 27

Krümmungsradien ϱ_I und ϱ_{II} in Funktion des Koppelwinkes $\varkappa$, vgl. Abbildung 22

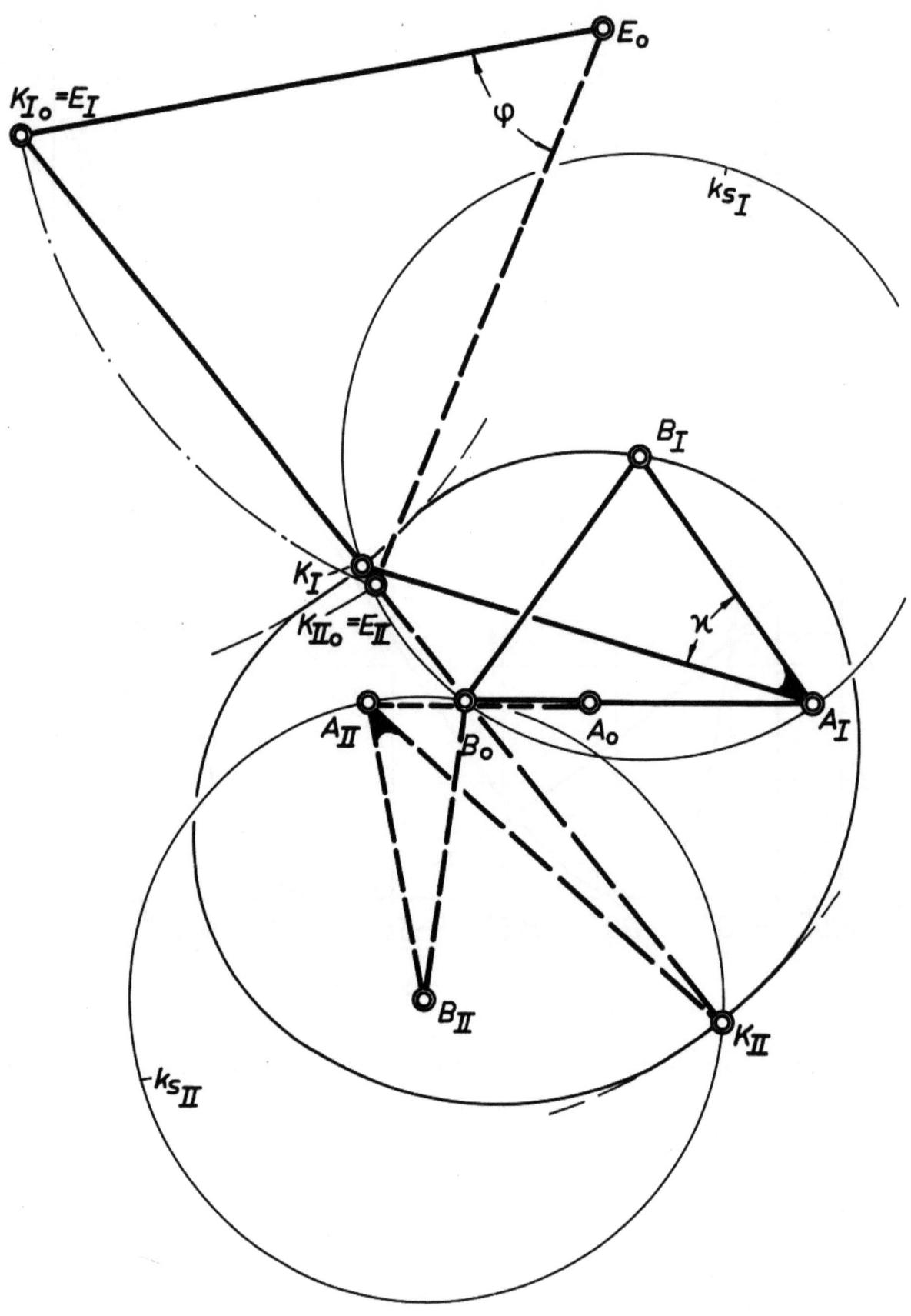

A b b i l d u n g 28

Gleichschenklige Doppelkurbel, deren Koppelpunkt in den Steglagen eine Koppelkurve mit gleichen Krümmungsradien beschreibt

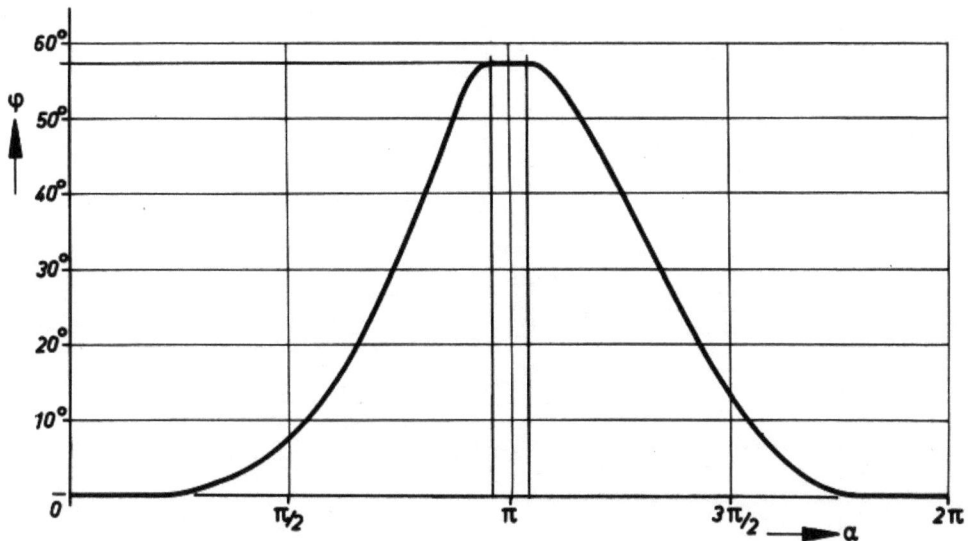

Abbildung 29

Getriebe mit zwei Rasten nach Abbildung 28: Abtriebswinkel $\varphi = \varphi(\alpha)$

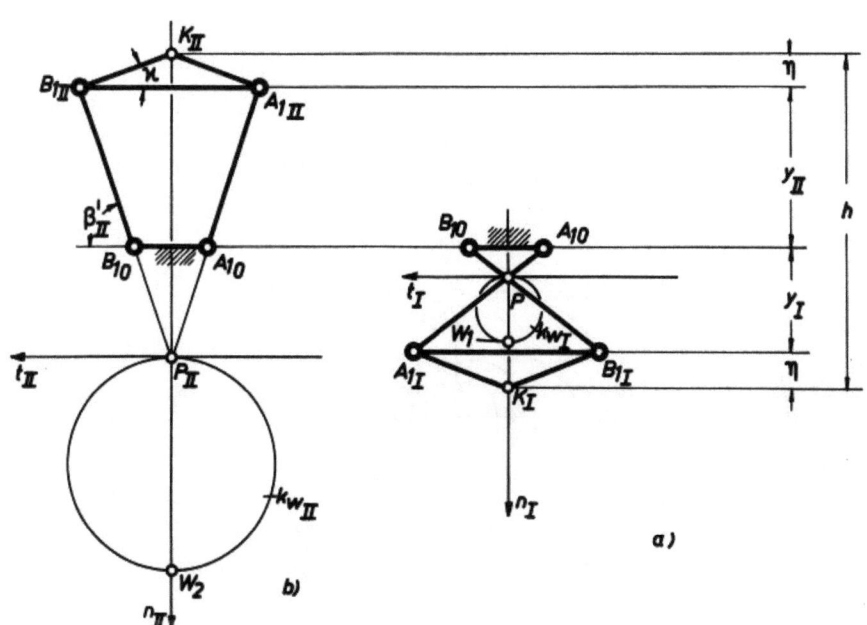

Abbildung 30

Wendekreise der symmetrischen Doppelkurbel in
  a) Überkreuzlage und
  b) Vierecklage, Hub der Koppelkurve

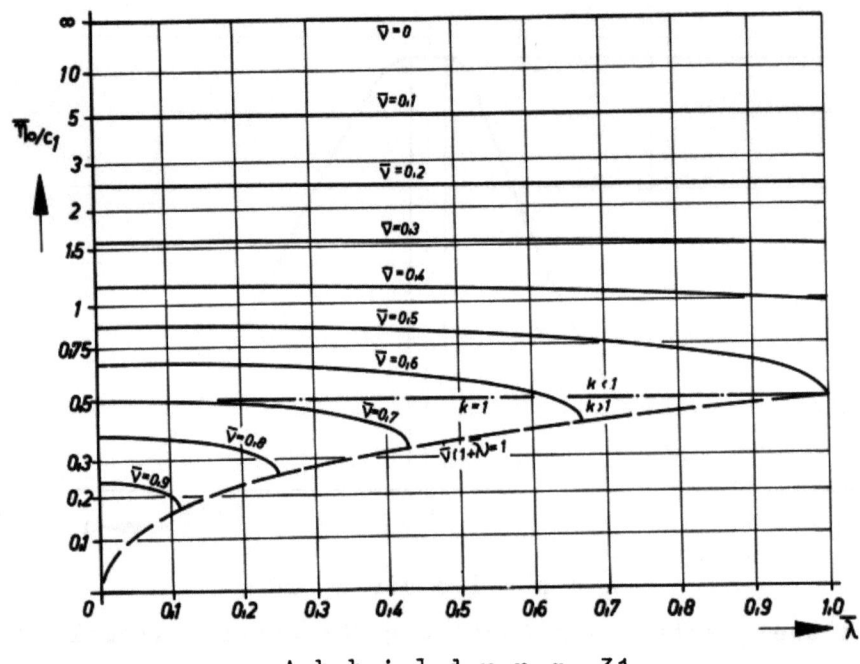

Abbildung 31

Ordinate $\bar{\eta}_o$ in Funktion von $\bar{\lambda}$ und $\bar{\nu}$ für die Doppelkurbel nach Abbildung 30

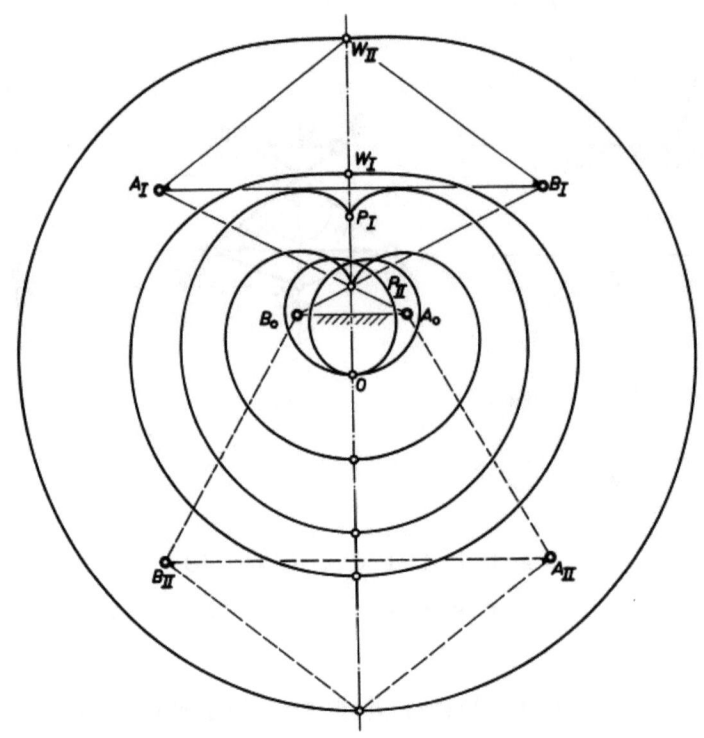

Abbildung 32

Symmetrische Koppelkurven der symmetrischen Doppelkurbel

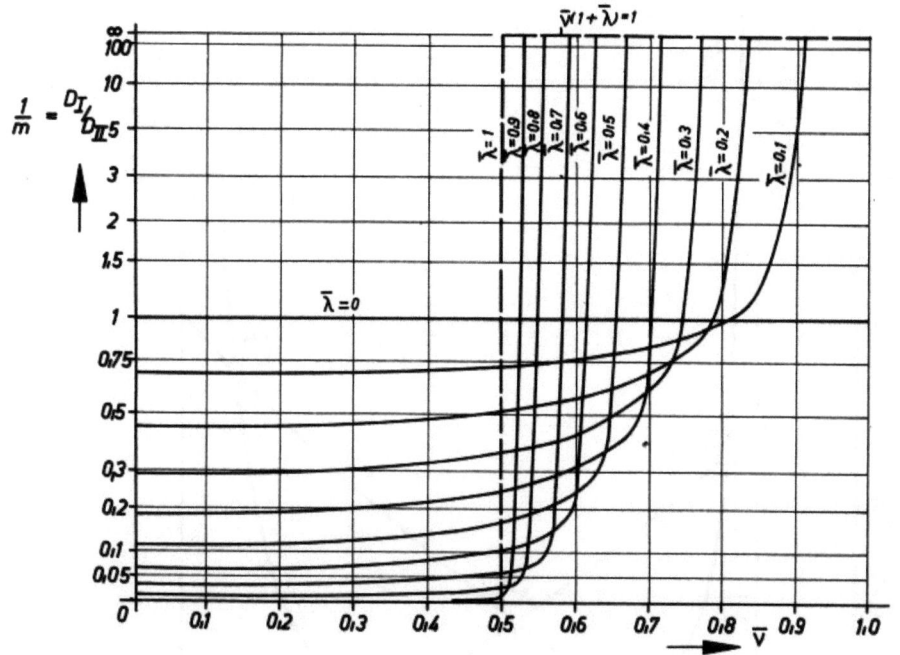

Abbildung 33a

Wendekreisdurchmesserverhältnis $m = D_{II}/D_I$ für die Parallellagen der symmetrischen Doppelkurbel nach Abbildung 30 in Abhängigkeit von $\bar{\nu} = c/2b$, (Parameter $\lambda = d/c$)

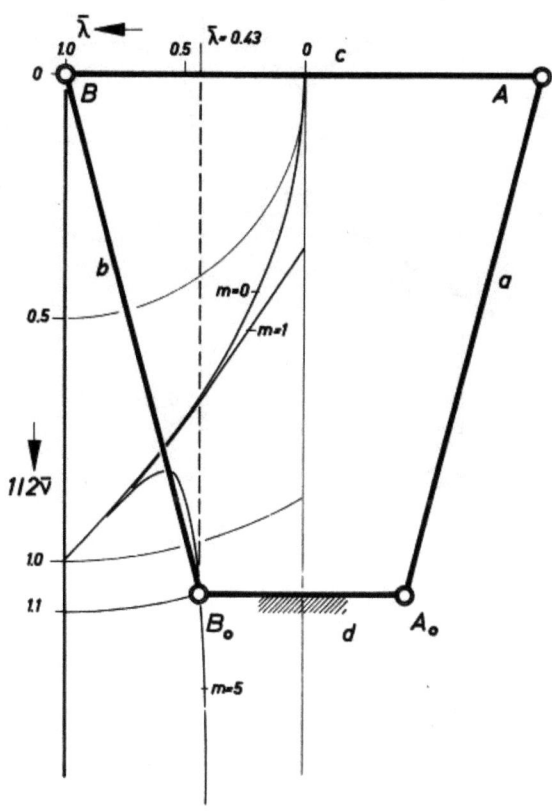

Abbildung 33b

Beispiel zur Anwendung der Kurventafel (Abb. 19c) auf die Doppelkurbel: $m = 5$; $\lambda = 0{,}43$; $1/2\nu = 1{,}1$

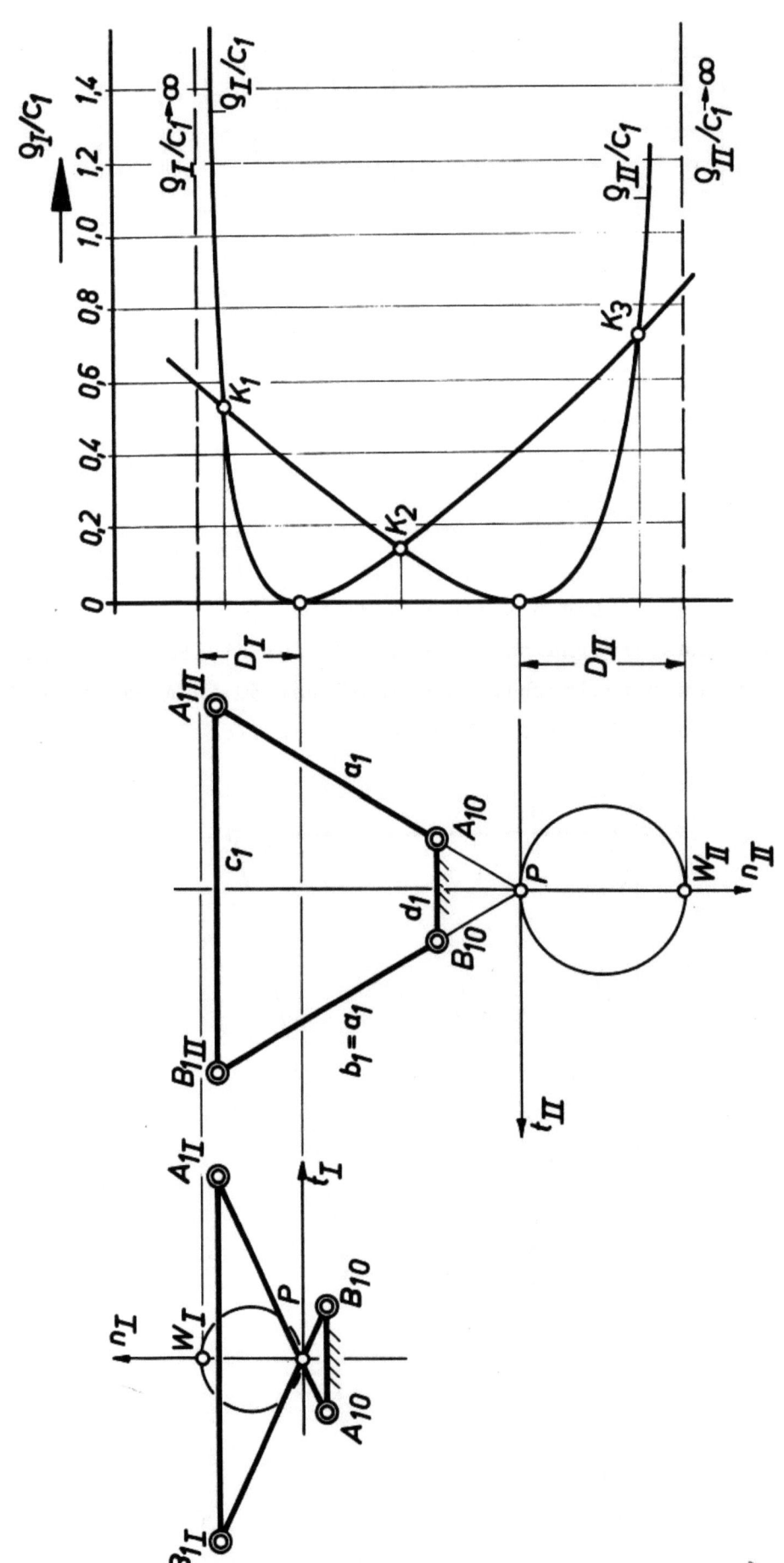

Abbildung 34
Bestimmung des Koppelpunktes für gleiche Krümmungsradien

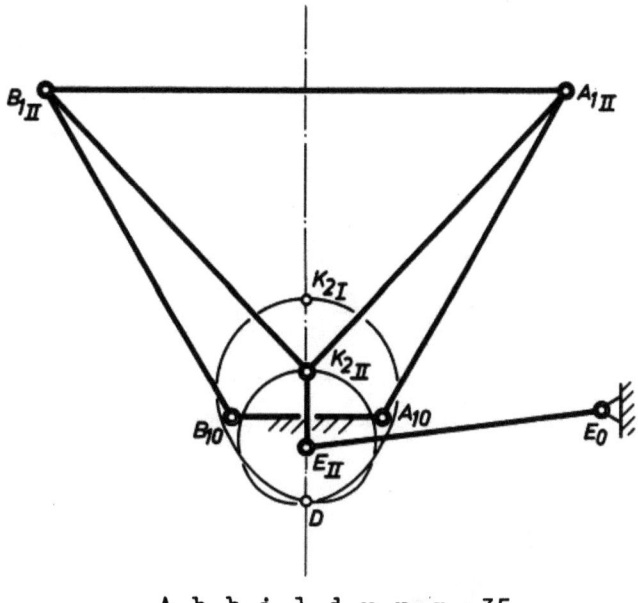

Abbildung 35

Gleichschenklige Doppelkurbel, deren Koppelpunkt in den Parallellagen eine Koppelkurve mit gleichen Krümmungsradien beschreibt

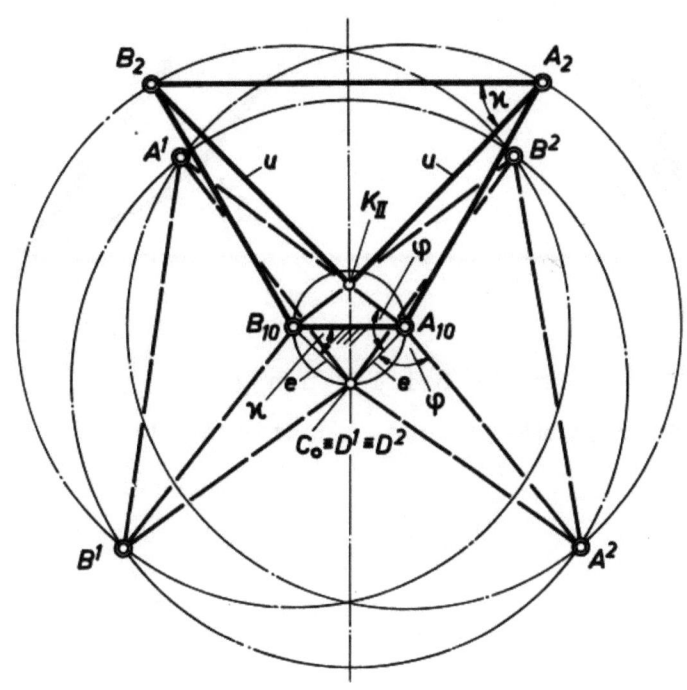

Abbildung 36

Symmetrische Doppelkurbel: Fokaldreieck und Lage des Doppelpunktes

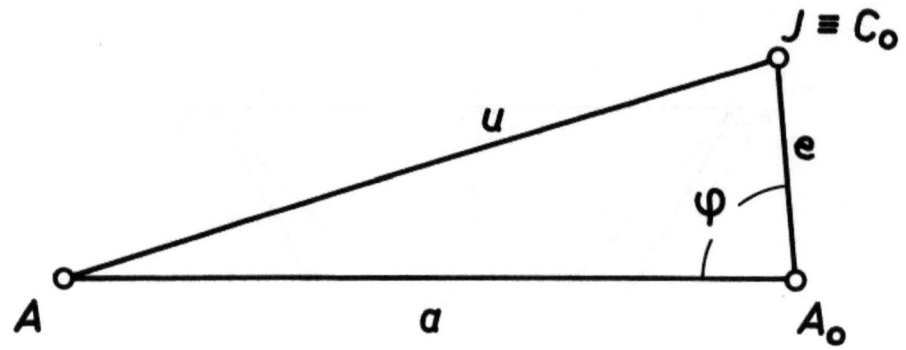

Abbildung 37
Konstruktion des Winkels φ

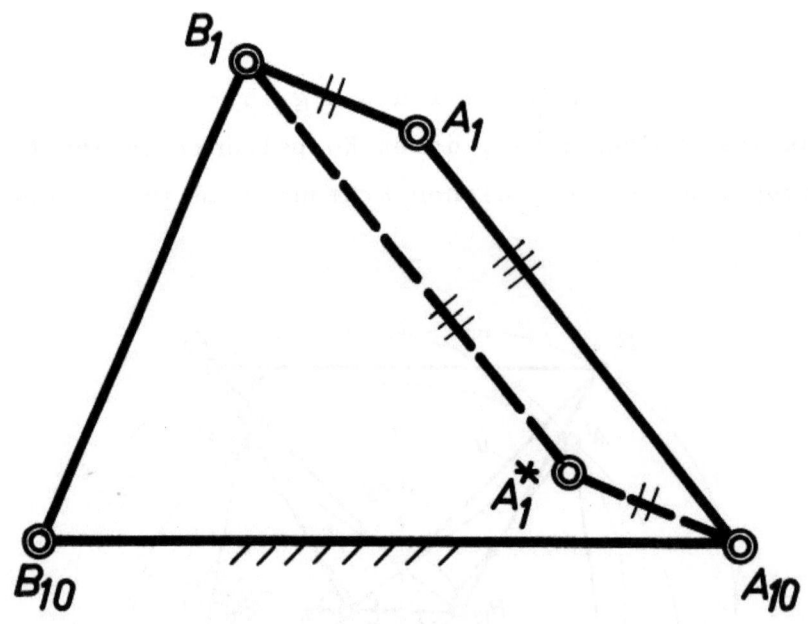

Abbildung 38
Drehfähige symmetrische, zentrische Doppelschwinge

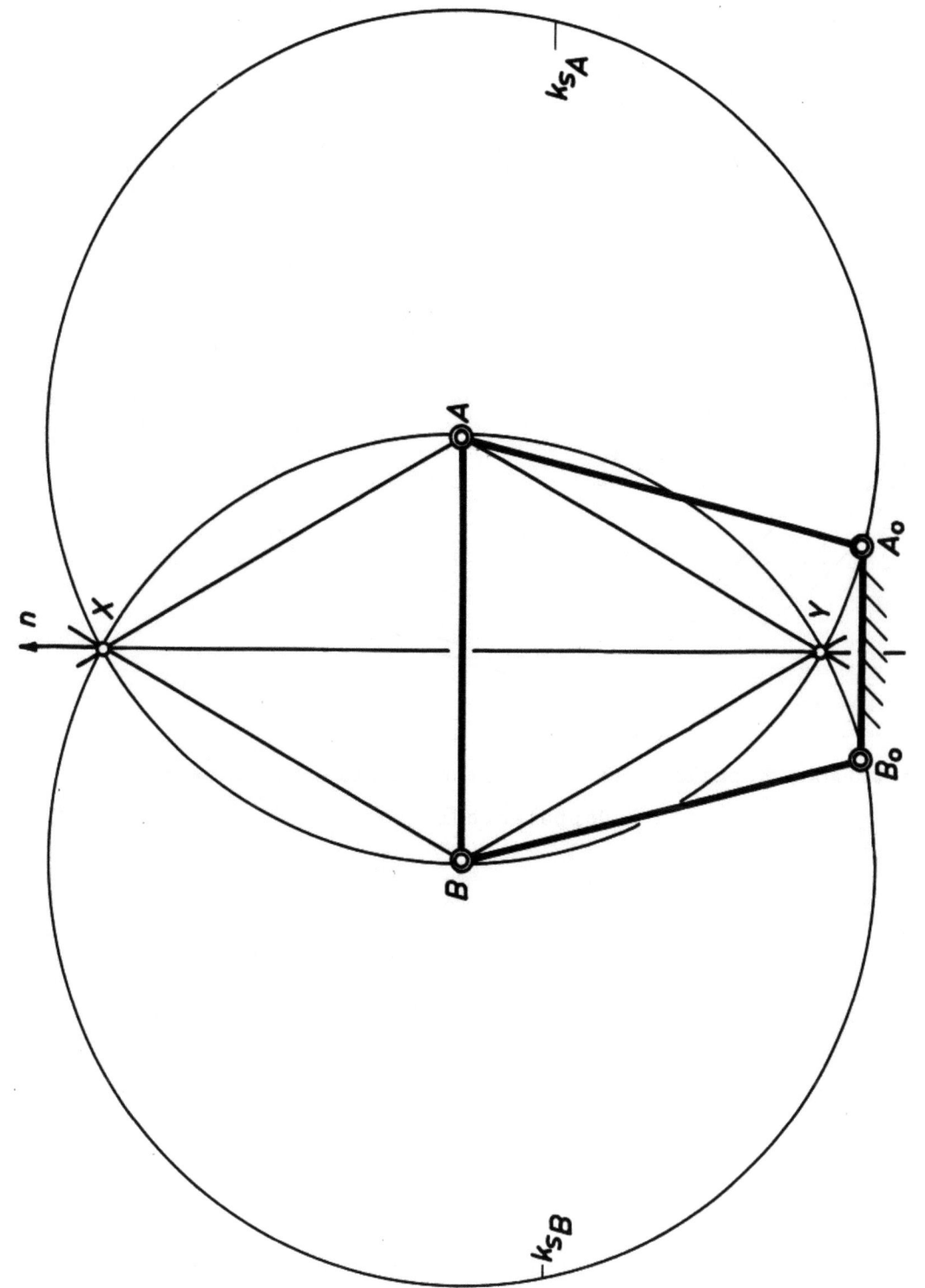

Abbildung 39
Symmetrische Doppelkurbel in der Parallellage

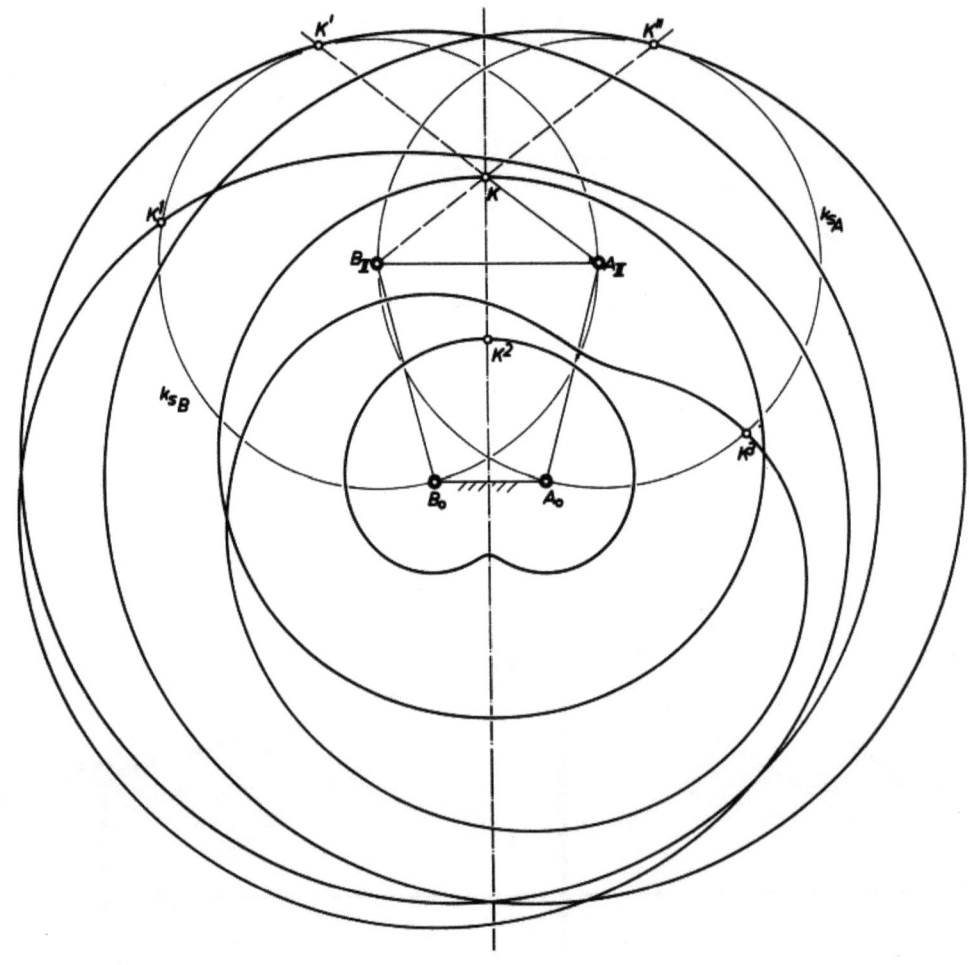

Abbildung 40

Symmetrische Koppelkurven der gleichschenkligen symmetrischen Doppelkurbel

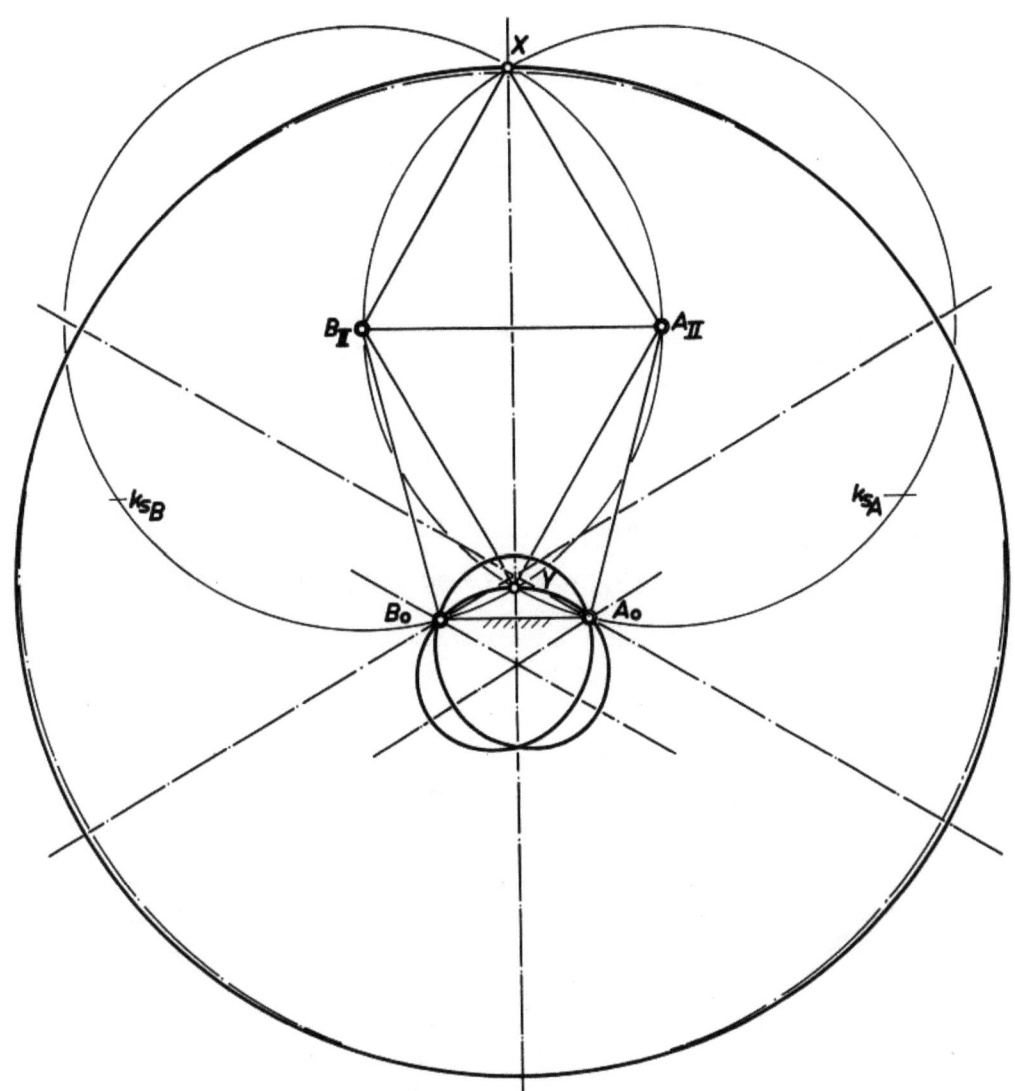

Abbildung 41

Dreifach symmetrische Koppelkurven der symmetrischen Doppelkurbel:

a) Koppelkurven der Punkte X und Y

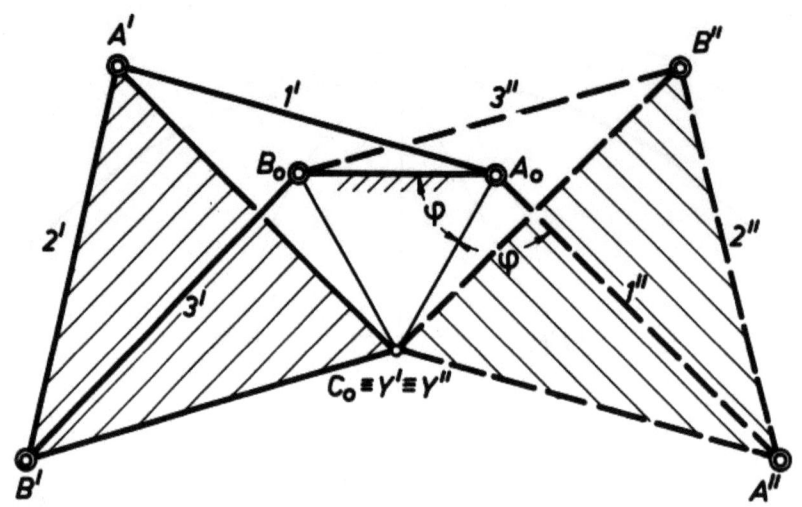

b) Stellungen der symmetrischen Doppelkurbel, in welcher der Doppelpunkt der Koppelkurve mit C_o zusammenfällt

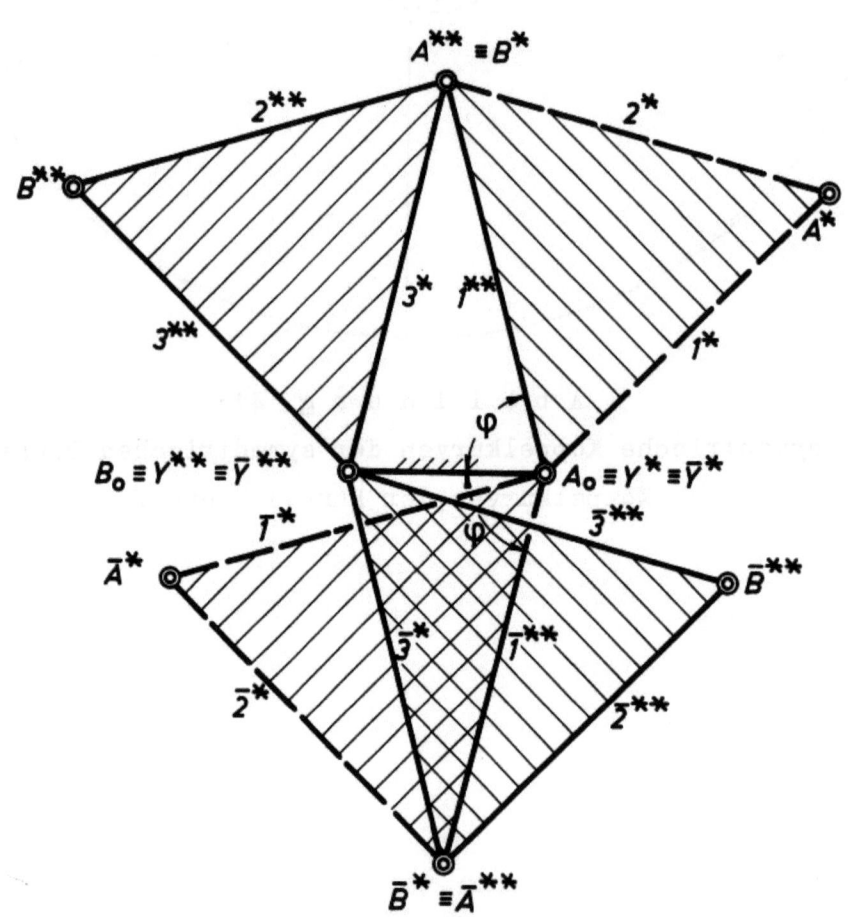

c) Stellungen, in welchen die Doppelpunkte mit A_o und B_o zusammenfallen

Abbildung 41

Dreifach symmetrische Koppelkurven der symmetrischen Doppelkurbel

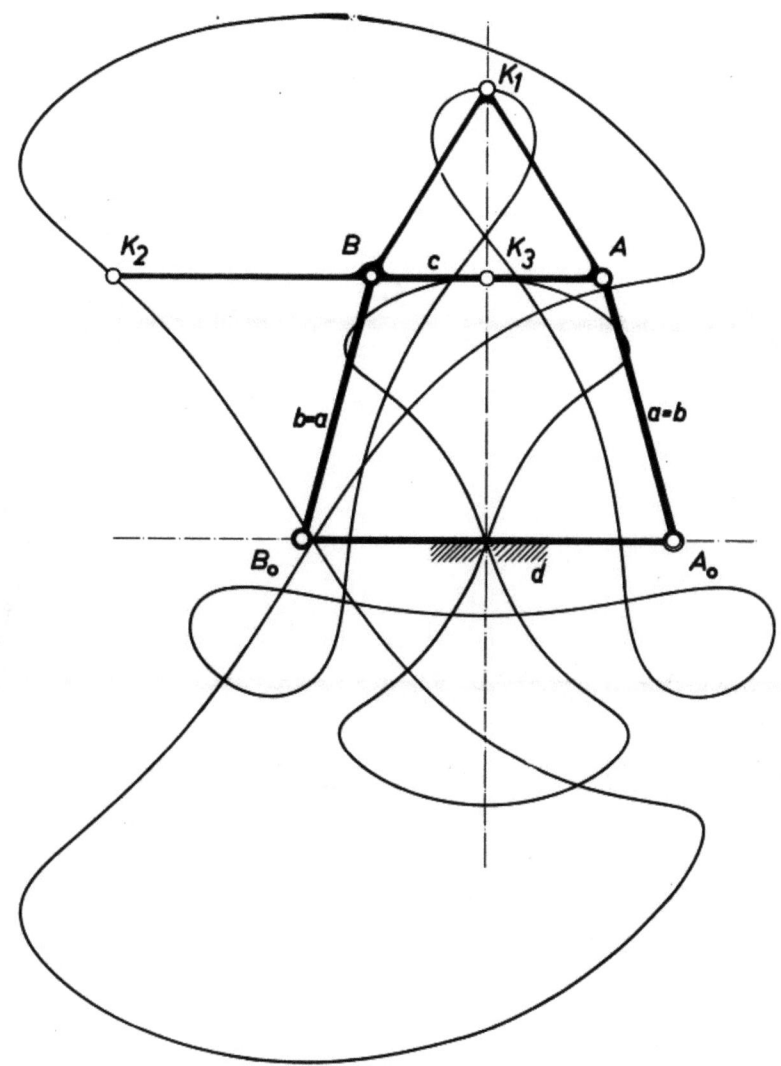

Abbildung 42

Koppelkurven der nicht drehfähigen symmetrischen
Doppelschwinge mit $c < a = b < d$

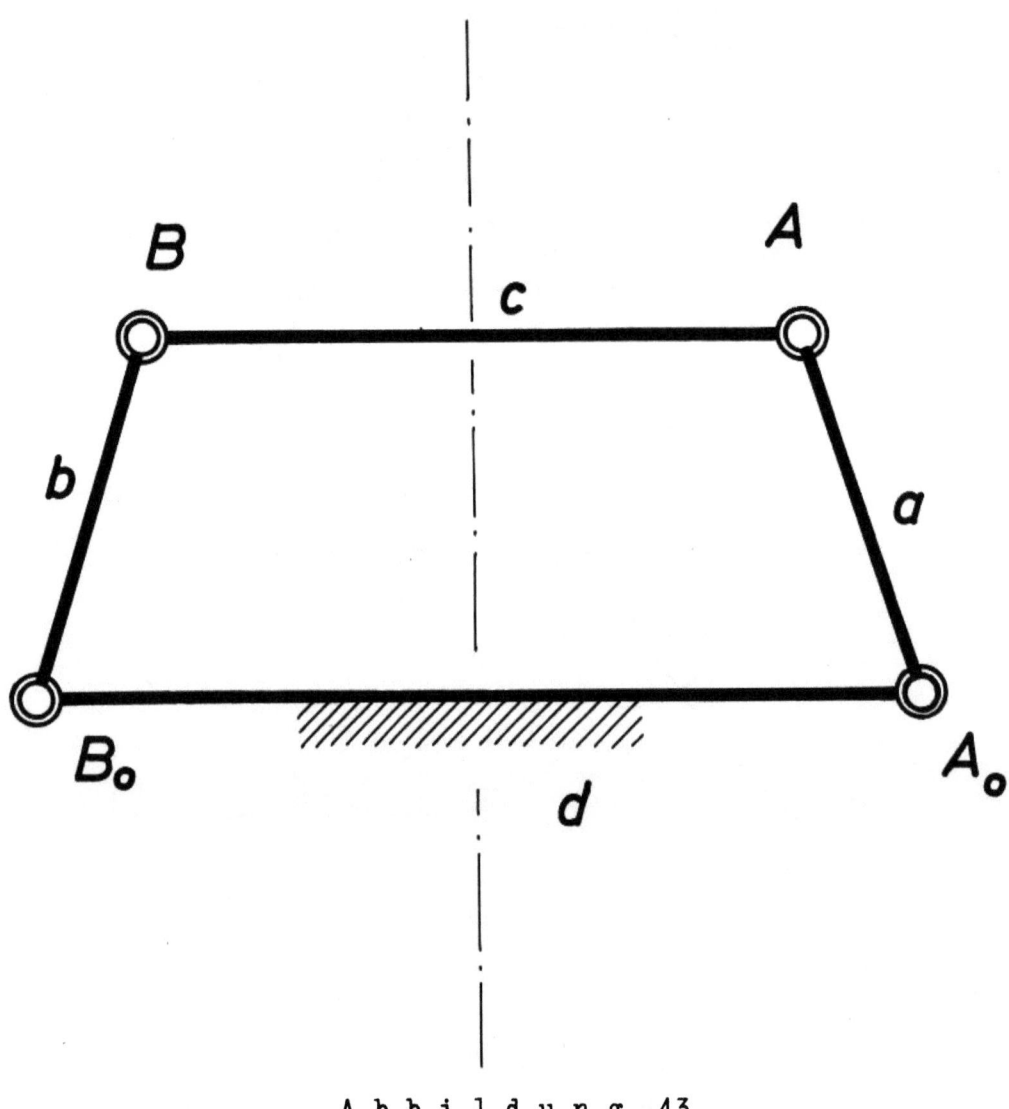

Abbildung 43

Nicht drehfähige symmetrische Doppelschwinge $a = b < c < d$

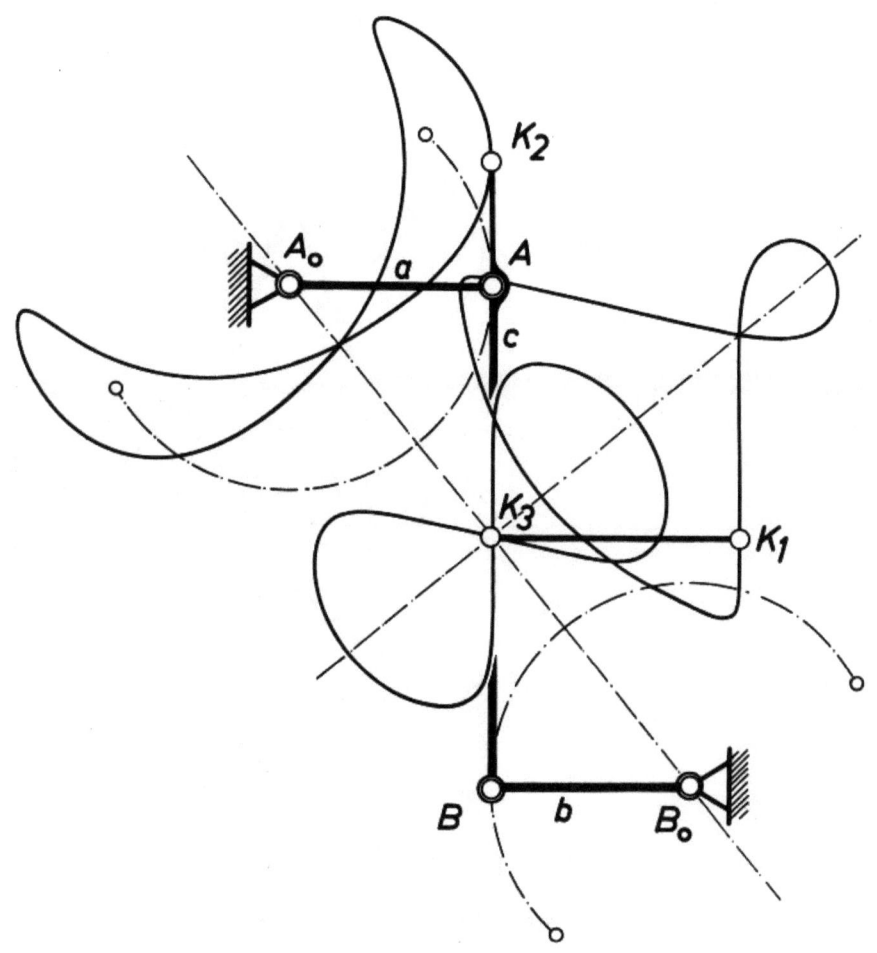

Abbildung 44
Koppelkurven des WATTschen Lenkers

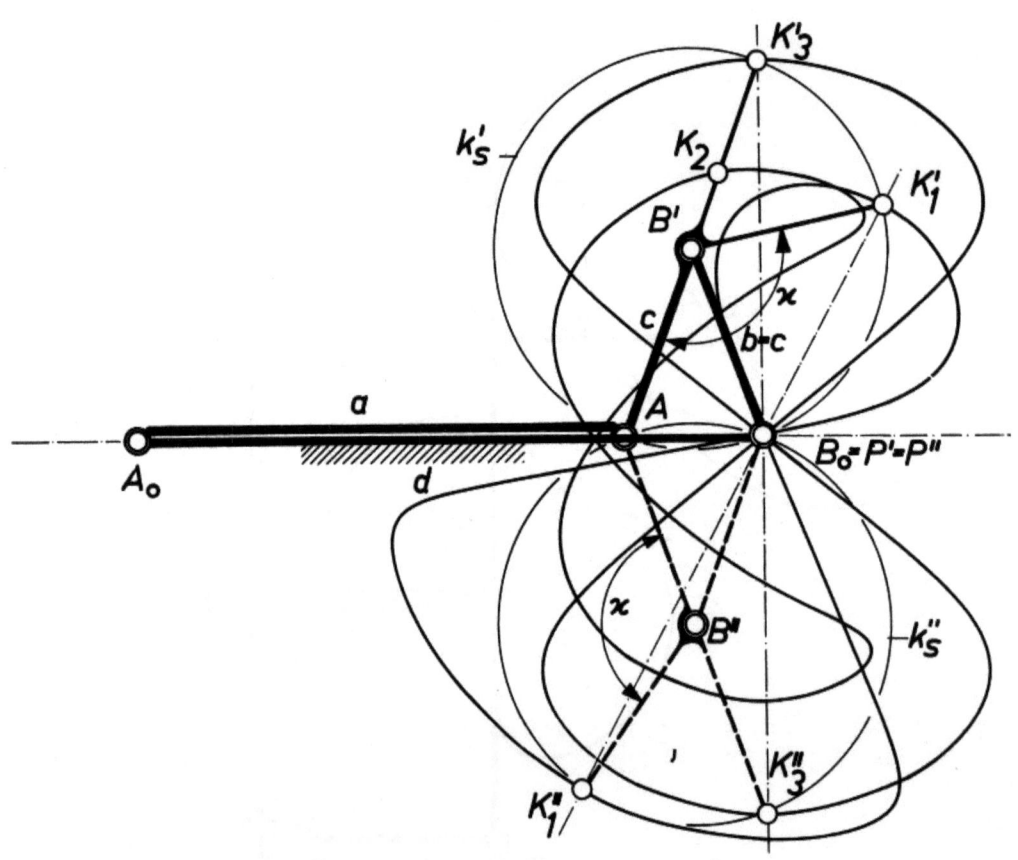

Abbildung 45

Koppelkurven der nicht drehfähigen gleichschenkligen Doppelschwinge
(Ersatzgetriebe des WATTschen Lenkers) $c = b < a < d$

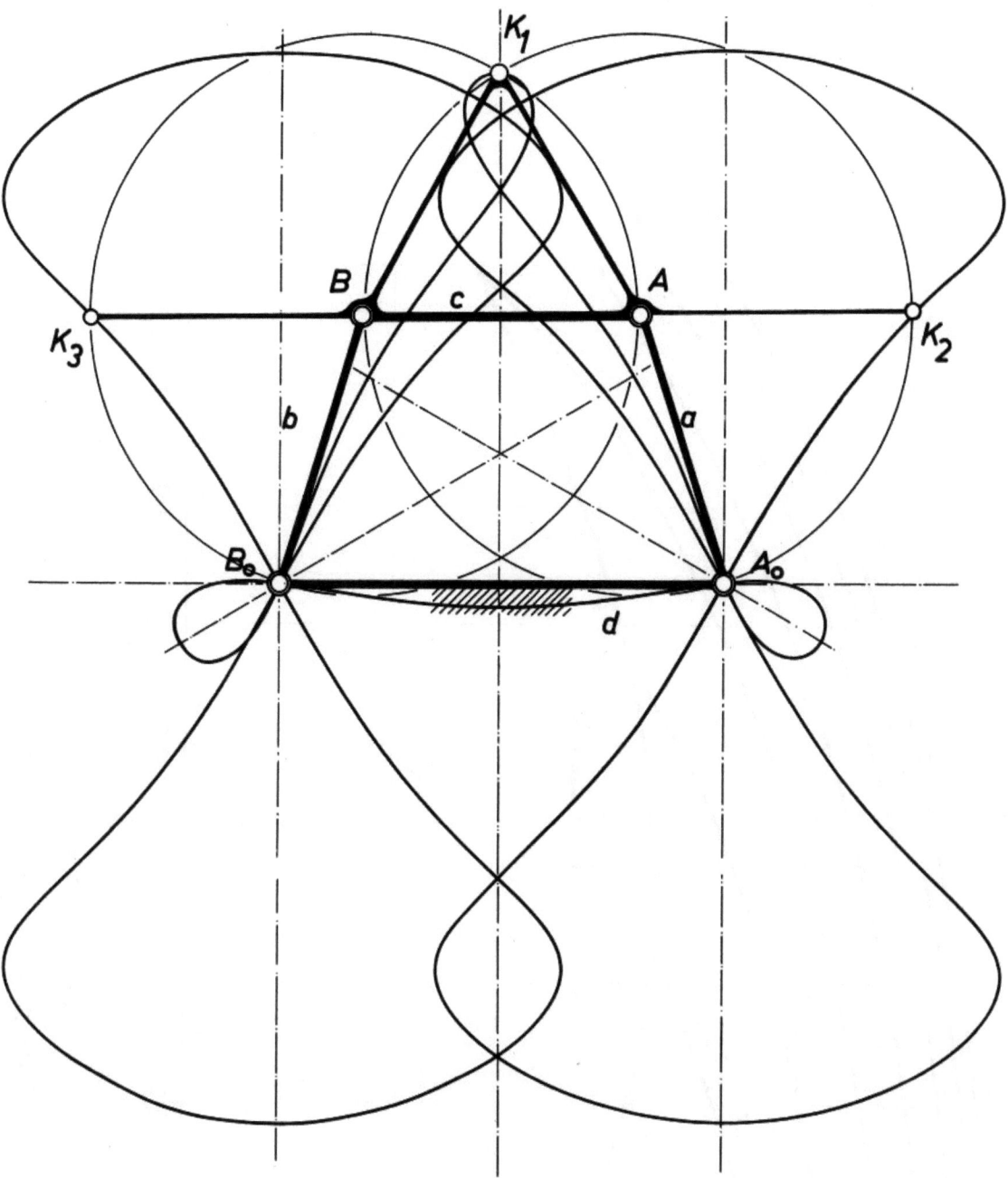

Abbildung 46
Nicht drehfähige symmetrische und gleichschenklige Doppelschwinge
a = b = c < d

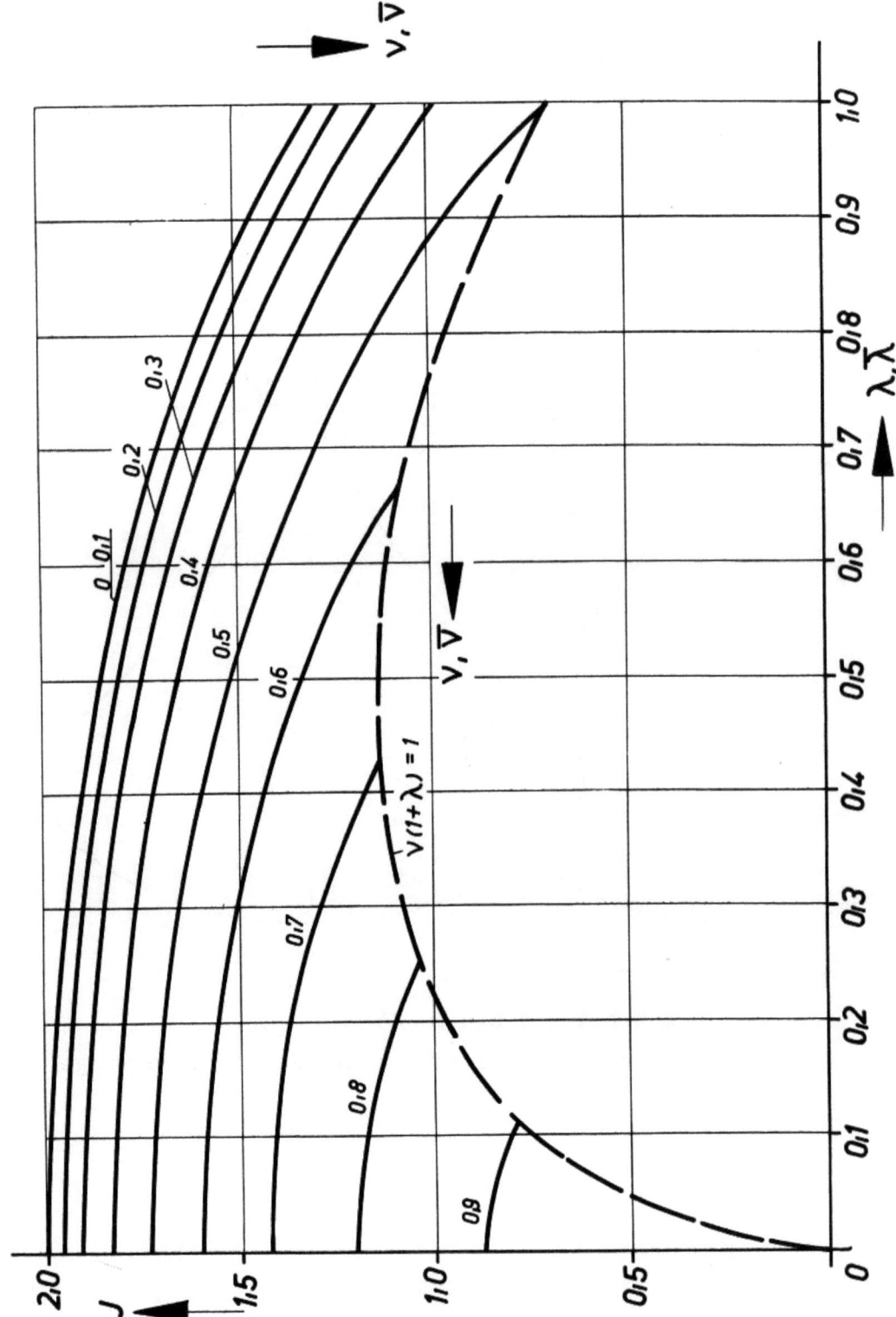

Abbildung 47
Werte für das Integral I des Flächeninhalts der Koppelkurven in Abhängigkeit von λ, ν bzw. $\bar{\lambda}$, $\bar{\nu}$

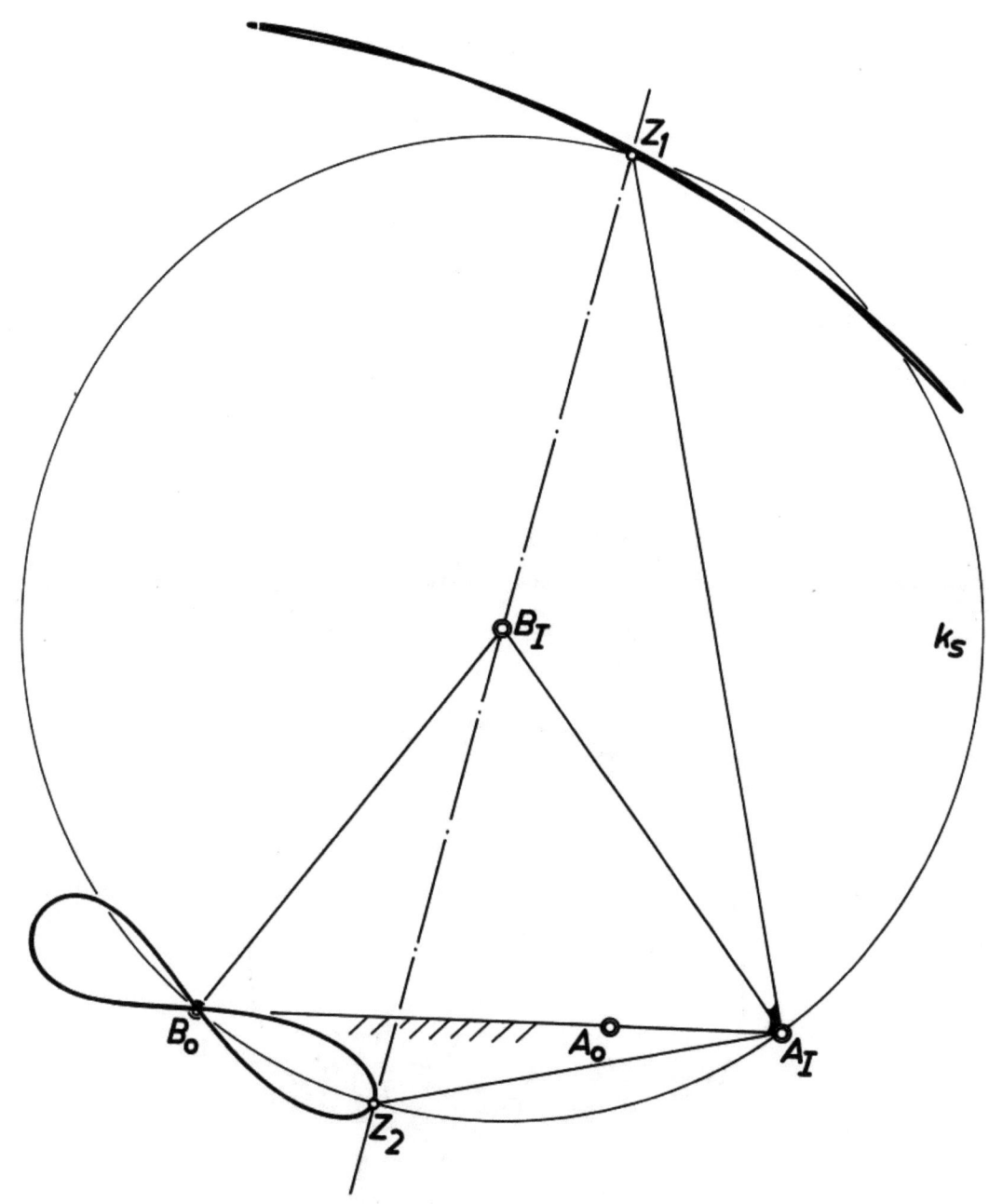

Abbildung 48

Koppelkurven mit dem Inhalt Null der gleichschenkligen Kurbelschwinge

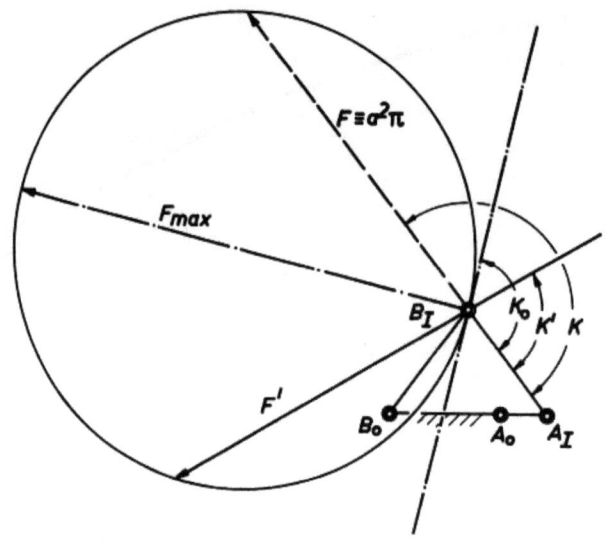

Abbildung 49

Ortskurve des Flächeninhalts für symmetrische Koppelkurven der gleichschenkligen Kurbelschwinge

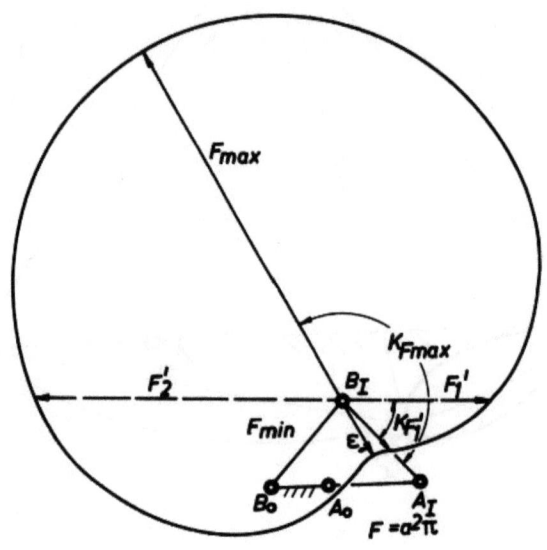

Abbildung 50

Ortskurve des Flächeninhalts für symmetrische Koppelkurven der gleichschenkligen Doppelkurbel

FORSCHUNGSBERICHTE
DES LANDES NORDRHEIN-WESTFALEN

Herausgegeben
im Auftrage des Ministerpräsidenten Dr. Franz Meyers
von Staatssekretär Professor Dr. h. c., Dr. E. h. Leo Brandt

MASCHINENBAU

HEFT 45
Losenhausenwerk Düsseldorfer Maschinenbau AG, Düsseldorf
Untersuchungen von störenden Einflüssen auf die Lastgrenzenanzeige von Dauerschwingprüfmaschinen
1953, 36 Seiten, 11 Abb., 3 Tabellen, DM 7,25

HEFT 77
Meteor Apparatebau Paul Schmeck GmbH, Siegen
Entwicklung von Leuchtstoffröhren hoher Leistung
1954, 46 Seiten, 12 Abb., 2 Tabellen, DM 9,15

HEFT 100
Prof. Dr.-Ing. H. Opitz, Aachen
Untersuchungen von elektrischen Antrieben, Steuerungen und Regelungen an Werkzeugmaschinen
1955, 166 Seiten, 71 Abb., 3 Tabellen, DM 31,30

HEFT 136
Dipl.-Phys. P. Pilz, Remscheid
Über spezielle Probleme der Zerkleinerungstechnik von Weichstoffen
1955, 58 Seiten, 19 Abb., 2 Tabellen, DM 11,50

HEFT 147
Dr.-Ing. W. Rudisch, Unna
Untersuchung einer drehelastischen Elektromagnet-Synchronkupplung
1955, 82 Seiten, 65 Abb., DM 17,70

HEFT 183
Dr. W. Bornheim, Köln
Entwicklungsarbeiten an Flaschen- und Ampullen-Behandlungsmaschinen für die pharmazeutische Industrie
1956, 48 Seiten, 24 Abb., DM 11,70

HEFT 212
Dipl.-Ing. H. Spodig, Selm
Untersuchung zur Anwendung der Dauermagnete in der Technik
1955, 44 Seiten, 25 Abb., DM 9,80

HEFT 295
Prof. Dr.-Ing. H. Opitz und Dipl.-Ing. H. Axer, Aachen
Untersuchung und Weiterentwicklung neuartiger elektrischer Bearbeitungsverfahren
1956, 42 Seiten, 27 Abb., DM 10,30

HEFT 298
Prof. Dr.-Ing. E. Oehler, Aachen
Untersuchung von kritischen Drehzahlen, die durch Kreiselmomente verursacht werden
1956, 50 Seiten, 35 Abb., DM 13,15

HEFT 384
Prof. Dr.-Ing. H. Opitz, Aachen
Schwingungsuntersuchungen an Werkzeugmaschinen
1958, 66 Seiten, 73 Abb., DM 20,40

HEFT 412
Prof. Dr.-Ing. H. Opitz, Aachen
Kennwerte und Leistungsbedarf für Werkzeugmaschinengetriebe
1958, 72 Seiten, 35 Abb., DM 17,20

HEFT 506
Prof. Dr.-Ing. W. Meyer zur Capellen, Aachen
Der Flächeninhalt von Koppelkurven. Ein Beitrag zu ihrem Formenwandel
1958, 74 Seiten, 26 Abb., DM 21,50

HEFT 533
Prof. Dr.-Ing. H. Opitz und Dipl.-Ing. W. Hölken, Aachen
Untersuchung von Ratterschwingungen an Drehbänken
1958, 70 Seiten, 44 Abb., 2 Tabellen, DM 19,70

HEFT 606
Oberbaurat Prof. Dr.-Ing. W. Meyer zur Capellen, Aachen
Eine Getriebegruppe mit stationärem Geschwindigkeitsverlauf
1958, 34 Seiten, 21 Abb., DM 10,50

HEFT 631
Dr. E. Wedekind, Krefeld
Der Einfluß der Automatisierung auf die Struktur der Maschinen- und Arbeiterzeiten am mehrstelligen Arbeitsplatz in der Textilindustrie
1958, 72 Seiten, 32 Abb., 8 Tabellen, DM 21,10

HEFT 667
Prof. Dr.-Ing. H. Opitz und Dipl.-Ing. H. de Jong, Aachen
Schwingungs- und Geräuschuntersuchungen an ortsfesten Getrieben
1959, 32 Seiten, 28 Abb., 2 Tabellen, DM 10,30

HEFT 668
Prof. Dr.-Ing. H. Opitz, Dipl.-Ing. G. Ostermann und Dipl.-Ing. M. Gappisch, Aachen
Beobachtungen über den Verschleiß an Hartmetallwerkzeugen
1958, 38 Seiten, 26 Abb., DM 12,—

HEFT 669
Prof. Dr.-Ing. H. Opitz, Dipl.-Ing. H. Uhrmeister und Dipl.-Ing. K. Jüstel, Aachen
Aufbau und Wirkungsweise einer Magnetbandsteuerung
1958, 50 Seiten, 39 Abb., DM 15,—

HEFT 670
Prof. Dr.-Ing. H. Opitz und Dipl.-Ing. W. Backé, Aachen
Untersuchung von Kopiersteuerungen
1959, 70 Seiten, 54 Abb., DM 18,80

HEFT 671
Prof. Dr.-Ing. H. Opitz, Dr.-Ing. R. Piekenbrink und Dipl.-Ing. K. Honrath, Aachen
Untersuchungen an Werkzeugmaschinenelementen
1959, 70 Seiten, 71 Abb., DM 20,—

HEFT 672
Prof. Dr.-Ing. H. Opitz, Dipl.-Ing. H. Heiermann und Dipl.-Ing. B. Rupprecht, Aachen
Untersuchungen beim Innenrundschleifen
1959, 34 Seiten, 50 Abb., DM 11,50

HEFT 673
Prof. Dr.-Ing. H. Opitz, Dipl.-Ing. H. Obrig und Dipl.-Ing. K. Ganser, Aachen
Die Bearbeitung von Werkzeugstoffen durch funkenerosives Senken
1959, 60 Seiten, 41 Abb., 1 Tabelle, DM 18,—

HEFT 676
Prof. Dr.-Ing. W. Meyer zur Capellen, Aachen
Harmonische Analyse bei Kurbeltrieben.
I. Allgemeine Zusammenhänge
1959, 38 Seiten, 10 Abb., DM 11,50

HEFT 695
Dr.-Ing. W. Herding, München
Die Fahrdynamik und das Arbeitsspiel gleisloser Erdbaugeräte als Kalkulationsgrundlage für die Bodenförderung und ihre Kosten
1960, 178 Seiten, 89 Abb., 18 Tabellen, DM 49,—

HEFT 718
Prof. Dr.-Ing. W. Meyer zur Capellen, Aachen
Die geschränkte Kurbelschleife
I. Die Bewegungsverhältnisse
1959, 110 Seiten, 54 Abb., DM 29,20

HEFT 764
Prof. Dr.-Ing. H. Opitz, Dr.-Ing. H. Siebel und Dipl.-Ing. R. Fleck, Aachen
Keramische Schneidstoffe
1959, 30 Seiten, 18 Abb., DM 9,80

HEFT 772
Prof. Dr.-Ing. W. Meyer zur Capellen, Aachen
Nomogramme zur geneigten Sinuslinie
1959, 28 Seiten, 11 Abb., DM 8,50

HEFT 775
Prof. Dr.-Ing. H. Opitz, Aachen
Automatische Erfassung der Maßabweichung der Werkstücke zum Zweck der selbständigen Korrektur der Maschine
1959, 38 Seiten, 27 Abb., DM 11,40

HEFT 777
Prof. Dr.-Ing. H. Opitz und Dipl.-Ing. P.-H. Brammertz, Aachen
Werkstückgüte und Fertigkeitskosten beim Innen-Feindrehen und Außenrund-Einsteckschleifen
1959, 92 Seiten, 68 Abb., DM 25,30

HEFT 788
Prof. Dr.-Ing. H. Opitz, Aachen
Der Einsatz radioaktiver Isotope bei Zerspanungsuntersuchungen
1959, 36 Seiten, 23 Abb., DM 11,30

HEFT 794
Dipl.-Ing. Reinhard Wilken, Düsseldorf
Das Biegen von Innenborden mit Stempeln
1959, 82 Seiten, DM 22,40

HEFT 801
Baurat Dipl.-Ing. Gesell, Duisburg
Ersatz von Quarzsand als Strahlmittel
1960, 66 Seiten, 12 Abb., 4 Tabellen, 17 Diagramme, DM 18,90

HEFT 803
Prof. Dr.-Ing. W. Meyer zur Capellen und Dipl.-Ing. E. Lenk, Aachen
Harmonische Analyse bei Kurbeltrieben. Teil II: Gleichschenklige Getriebe
1960, 69 Seiten, 15 Abb., DM 18,40

HEFT 804
Prof. Dr.-Ing. W. Meyer zur Capellen und Dipl.-Ing. W. Rath, Aachen
Die geschränkte Kurbelschleife. Teil II: Die Harmonische Analyse
1960, 66 Seiten, 14 Abb., DM 18,90

HEFT 806
Prof. Dr.-Ing. H. Opitz u. a., Aachen
Untersuchung von Zahnradgetrieben und Zahnradbearbeitungsmaschinen
1960, 95 Seiten, 81 Abb., DM 29,30

HEFT 809
Prof. Dr.-Ing. H. Opitz und Dipl.-Ing. H. H. Herold, Aachen
Untersuchung von elektro-mechanischen Schaltelementen
1960, 35 Seiten, 16 Abb., DM 11,—

HEFT 810
Prof. Dr.-Ing. H. Opitz und Dr.-Ing. N. Maas, Aachen
Das dynamische Verhalten von Lastschaltgetrieben
1960, 97 Seiten, 77 Abb., DM 29,50

HEFT 811
Prof. Dr.-Ing. H. Opitz und Dipl.-Ing. H. Bürklin, Aachen, Fa. Schoppe & Faeser, Minden, bearbeitet im Auftrage des Forschungsinstitutes für Rationalisierung in Aachen
Über Weggeber für automatisch gesteuerte Arbeitsmaschinen
1960, 93 Seiten, 79 Abb., DM 27,70

HEFT 820
Prof. Dr.-Ing. H. Opitz, Dipl.-Ing. H. Rohde und Dipl.-Ing. W. König, Aachen
Untersuchungen der Spanformung durch Spanbrecher beim Drehen mit Hartmetallwerkzeugen
1960, 35 Seiten, 16 Abb., DM 15,80

HEFT 830
Prof. Dr.-Ing. H. Opitz und Dipl.-Ing. W. Backé, Aachen
Automatisierung des Arbeitsablaufes in der spanabhebenden Fertigung
1960, 43 Seiten, 39 Abb., DM 14,60

HEFT 831
Prof. Dr.-Ing. H. Opitz, Dr.-Ing. H.-G. Rohs und Dr.-Ing. G. Stute, Aachen
Statistische Untersuchungen über die Ausnutzung von Werkzeugmaschinen in der Einzel- und Massenfertigung
1960, 38 Seiten, 32 Abb., DM 13,—

HEFT 835
Prof. Dr.-Ing. Walther Meyer zur Capellen, Lehrstuhl für Getriebelehre an der Technischen Hochschule, Aachen
Die harmonische Analyse von zykloidengesteuerten Schleifen

HEFT 864
Prof. Dr.-Ing. H. Opitz, Aachen
Funkenarbeit und Bearbeitungsergebnis bei der funkenerosiven Bearbeitung
1960, 44 Seiten, 19 Abb., DM 13,10

HEFT 873
Prof. Dr.-Ing. W. Meyer zur Capellen und Dipl.-Ing. W. Rath, Aachen
Kinematik der sphärischen Schubkurbel
1960, 38 Seiten, 13 Abb., DM 11,20

HEFT 887
Baurat Dipl.-Ing. W. Gesell, Duisburg
Arbeiten mit Preß-Formmaschinen unter Normal-Bedingungen und bei hohen spezifischen Preßdrucken
1960, 140 Seiten, 108 Abb., 11 Tabellen, DM 42,—

HEFT 898
Prof. Dr.-Ing. H. Opitz und H. de Jong, Aachen
Untersuchung von Zahnradgetrieben und Zahnradbearbeitungsmaschinen in Zusammenarbeit mit der Industrie
1960, 58 Seiten, 52 Abb., DM 19,20

HEFT 900
Prof. Dr.-Ing. H. Opitz und Dr.-Ing. J. Bielefeld, Aachen
Automatisierung der Werkzeugmaschine für die spanabhebende Bearbeitung
1960, 74 Seiten, 55 Abb., DM 21,—

HEFT 901
Prof. Dr.-Ing. H. Opitz, Dr.-Ing. J. Bielefeld und Dipl.-Ing. W. Kalkert, Aachen
Lebensdauerprüfung von Zahnradgetrieben
1960, 54 Seiten, 46 Abb., DM 17,30

HEFT 908
Dr.-Ing. W. Dettmering, Institut für Turbomaschinen der Technischen Hochschule Aachen
Experimentelle Untersuchungen an einer axialen Turbinenstufe
1960, 180 Seiten, 116 Abb., 16 Tabellen, DM 50,80

HEFT 914
Baurat Dipl.-Ing. Waldemar Gesell, Staatl. Ingenieurschule für Maschinenwesen, Duisburg
Zu Fragen der Strahlmittelprüfung
1961, 188 Seiten, 78 Abb., DM 49.—

HEFT 923
Prof. Dr.-Ing. W. Meyer zur Capellen und Dipl.-Ing. Karl-Albert Rischen, Lehrstuhl für Getriebelehre der Technischen Hochschule Aachen
Lagenzuordnungen an ebenen Viergelenkgetrieben in analytischer Darstellung. Eine Maßsynthese
1961, 84 Seiten, 29 Abb., DM 23,20

HEFT 928
Prof. Dr.-Ing. Herwart Opitz, Dipl.-Ing. Helmut Rohde und Dipl.-Ing. Wilfried König, Laboratorium für Werkzeugmaschinen und Betriebslehre an der Technischen Hochschule Aachen
Untersuchung des Räumvorganges
1961, 116 Seiten, 90 Abb., DM 36,10

HEFT 929
Prof. Dr.-Ing. Herwart Opitz, Laboratorium für Werkzeugmaschinen und Betriebslehre an der Technischen Hochschule Aachen
Richtwerte für das Fräsen von unlegierten und legierten Baustählen mit Hartmetall. — Teil III
1961, 64 Seiten, 57 Abb., 7 Tabellen, DM 21,30

HEFT 930
Prof. Dr.-Ing. Herwart Opitz und Dipl.-Ing. Rolf Umbach, Laboratorium für Werkzeugmaschinen und Betriebslehre an der Technischen Hochschule Aachen
Modellversuch zur dynamischen Versteifung von Werkzeugmaschinen durch Ankopplung gedämpfter Hilfsmassensysteme
1961, 18 Seiten, 30 Abb., DM 13,30

HEFT 931
Dipl.-Ing. H. G. Rachner, Institut für Maschinengestaltung und Maschinendynamik der Technischen Hochschule Aachen
Ein Beitrag zur Frage der Kettenradverzahnung
1961, 64 Seiten, 55 Abb., 2 Tabellen DM 19,30

HEFT 943
Dipl.-Ing. H. G. Rachner, Institut für Maschinengestaltung und Maschinendynamik der Technischen Hochschule Aachen
Die Drehschwingungen des Zweirad-Kettengetriebes bei innerer Erregung
1961, 98 Seiten, 68 Abb., DM 30,—

HEFT 949
Prof. Dr.-Ing. K. Leist †, Dipl.-Ing. Dieter Stojek und Dipl.-Ing. Manfred Pötke, Institut für Turbomaschinen der Technischen Hochschule Aachen
Verbesserung der Wirtschaftlichkeit von Gasturbinen durch Zwischenverbrennung innerhalb der Turbine und Versuche zu ihrer Verwirklichung
1961, 80 Seiten, 40 Abb., DM 30,10

HEFT 950
Prof. Dr.-Ing. K. Leist † und Dipl.-Ing. Oswald Thun, Institut für Turbomaschinen der Technischen Hochschule Aachen
Strömungsmessungen zur Ermittlung von Brennkammer-Ausbrenngraden
1961, 66 Seiten, 33 Abb., 6 Tabellen DM 19,90

HEFT 951
Prof. Dr.-Ing. K. Leist † und Dipl.-Ing. Oswald Thun, Institut für Turbomaschinen der Technischen Hochschule Aachen
Meßmethode bei Brennkammeruntersuchungen zur Ermittlung des Ausbrenngrades
1961, 64 Seiten, 10 Abb., 2 Tabellen, DM 19,20

HEFT 953
Prof. Dr.-Ing. K. Leist † und Dipl.-Ing. Heinrich Ostenrath, Institut für Turbomaschinen der Technischen Hochschule Aachen
Betriebsverhalten einer Versuchsgasturbine kleiner Leistung
1961, 44 Seiten, 35 Abb., 2 Anlagen, DM 15,30

HEFT 955
Prof. Dr.-Ing. H. Opitz und Dipl.-Ing. H. Uhrmeister, Laboratorium für Werkzeugmaschinen und Betriebslehre der Technischen Hochschule Aachen
Die dynamischen Eigenschaften hydraulischer Vorschubmotoren für Werkzeugmaschinen
1961, 60 Seiten, 66 Abb., DM 20,—

HEFT 977
Dr.-Ing. Gottfried Kronenberger, Institut für Baumaschinen und Baubetrieb der Technischen Hochschule Aachen
Verdichtungswirkung und Arbeitsverhalten eines Einmassenrüttlers auf Schotter und Kiessand zur Ermittlung der maßgeblichen Einflußgrößen bei der Rüttelverdichtung
1961, 96 Seiten, 17 Tafeln, 7 Tab., 36 Abb., DM 27,70

HEFT 981
Dr.-Ing. Werner Wilhelm, Aerodynamisches Institut der Technischen Hochschule Aachen
Berechnung des Gaswechsels kurbelkastengespülter Zweitaktmotoren unter Berücksichtigung des Einflusses der Massenwirkung der strömenden Gassäule in den Spülkanälen
1961, 58 Seiten, 6 Abb., DM 19,20

HEFT 982
Dr.-Ing. Werner Wilhelm, Aerodynamisches Institut der Technischen Hochschule Aachen
Die Wirkung von Auspuffrohren mit Blenden am Rohrende sowie diffusorartiger Auspuffleistungen auf den Ladungswechsel einer Einzylinder-Zweitakt-Vergasermaschine mit Kurbelkastenspülpumpe

HEFT 983
Prof. Dr.-Ing. Paul Hadlatsch †, Aerodynamisches Institut der Technischen Hochschule Aachen
Berechnung der Druckwellen in Brennstoffeinspritzsystemen und in hydraulischen Ventilsteuerungen

HEFT 986
Dr.-Ing. Jameel Ahmad Khan, Aerodynamisches Institut der Technischen Hochschule Aachen
Untersuchungen zur instationären Strömung durch unstetige Querschnittsänderungen in Druckleitungen von Einspritzsystemen

HEFT 987
Dr.-Ing. Wilhelm Bosch, Aerodynamisches Institut der Technischen Hochschule Aachen
Untersuchungen zur instationären reibenden Strömung in Druckleitungen von Einspritzsystemen

HEFT 988
Dr.-Ing. Werner Wilhelm und Dipl.-Ing. Rudolf Jürgler, Aerodynamisches Institut der Technischen Hochschule Aachen
Nichtstationäre, eindimensionale und reibungsfreie Gasströmung schwach kompressibler Medien in Rohren mit einigen unstetigen Querschnittsänderungen
1961, 70 Seiten, 17 Abb., DM 21,50

HEFT 989
Dr.-Ing. Werner Wilhelm, Aerodynamisches Institut der Technischen Hochschule Aachen
Einfluß der Spülkanalabmessungen auf den Ladungswechsel kurbelkastengespülter Zweitaktmotoren

HEFT 1007
Prof. Dr.-Ing. H. Opitz, Dr.-Ing. Gottfried Stute, Laboratorium für Werkzeugmaschinen und Betriebslehre der Technischen Hochschule, Aachen
Untersuchung über den Einsatz der funkenerosiven Bearbeitung im Werkzeugbau

HEFT 1008
Prof. Dr.-Ing. H. Opitz, Dr.-Ing. P.-H. Brammertz, Laboratorium für Werkzeugmaschinen und Betriebslehre der Technischen Hochschule Aachen
Untersuchung der Ursachen für Form- und Maßfehler bei der Feinbearbeitung

HEFT 1011
Prof. Dr.-Ing. H. Opitz, Dr.-Ing. Günter Ostermann, Laboratorium für Werkzeugmaschinen und Betriebslehre der Technischen Hochschule Aachen
Untersuchung der Ursache des Werkzeugverschleißes

HEFT 1035
Dr.-Ing. Walter Rath, Lehrstuhl für Getriebelehre an der Technischen Hochschule Aachen
Massenkräfte in den Lagern sphärischer Getriebe

Ein Gesamtverzeichnis der Forschungsberichte, die folgende Gebiete umfassen, kann bei Bedarf vom Verlag angefordert werden:
Acetylen / Schweißtechnik - Arbeitswissenschaft - Bau / Steine / Erden - Bergbau - Biologie - Chemie - Eisenverarbeitende Industrie - Elektrotechnik / Optik · Fahrzeugbau / Gasmotoren - Farbe / Papier / Photographie - Fertigung - Funktechnik / Astronomie - Gaswirtschaft - Hüttenwesen / Werkstoffkunde - Kunststoffe - Luftfahrt / Flugwissenschaften - Maschinenbau - Medizin / Pharmakologie / NE-Metalle - Physik - Schall / Ultraschall - Schiffahrt - Textiltechnik / Faserforschung / Wäschereiforschung - Turbinen - Verkehr - Wirtschaftswissenschaft.

If you have any concerns about our products,
you can contact us on
ProductSafety@springernature.com

In case Publisher is established outside the EU,
the EU authorized representative is:
**Springer Nature Customer Service Center GmbH
Europaplatz 3, 69115 Heidelberg, Germany**

Printed by Libri Plureos GmbH
in Hamburg, Germany